少儿读经典

童心◎编

恐龙世界

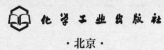
化学工业出版社

·北京·

图书在版编目（CIP）数据

恐龙世界/童心编. —北京：化学工业出版社，
2021.6
（少儿读经典）
ISBN 978-7-122-38747-9

Ⅰ.①恐… Ⅱ.①童… Ⅲ.①恐龙-少儿读物
Ⅳ.①Q915.864-49

中国版本图书馆CIP数据核字(2021)第047863号

责任编辑：刘亚琦　　　　　　　　　　　装帧设计：史美阳光
责任校对：王鹏飞　　　　　　　　　　　美术编辑：史利平

出版发行：化学工业出版社（北京市东城区青年湖南街13号　邮政编码100011）
印　　刷：三河市航远印刷有限公司
装　　订：三河市宇新装订厂
880mm×1230mm　1/24　印张9　2021年7月北京第1版第1次印刷

购书咨询：010-64518888　　　　　　　　售后服务：010-64518899
网　　址：http://www.cip.com.cn

凡购买本书，如有缺损质量问题，本社销售中心负责调换。

定　　价：35.00元　　　　　　　　　　　版权所有　违者必究

前言
PREFACE

　　中生代是地球上一个辉煌灿烂的地质时代。在那时，地球上出现了称雄陆地长达1.6亿年之久的霸主——恐龙。而在此之前，从未有哪种生物，像恐龙一样长久地活跃在生命的历史舞台。不得不说，恐龙可真是神奇世界的生命奇迹。

　　在漫长的地质时光里，恐龙从种类单一，走向复杂多元，逐渐演化成了一个庞大的帝国。这其中，生活着数量巨大的恐龙。尽管它们的大小不一，外表千奇百怪，但毫无疑问，它们都是恐龙帝国的缔造者。

　　从恐龙被发现之日起，许多疑云便相伴而生：它们的体色什么样？到底长不长羽毛？是否建立过群落文明？最终又是怎么从地球上消失的？……诸如此类的疑问连绵不绝，科学家们也绞尽脑汁对此提出了种种猜想和假说。

　　在《恐龙世界》一书中，力求把发生在恐龙身上的故事通俗易懂地描绘出来，希望用绘制精美的图片为读者带来耳目一新的感受。如此一来，若孩子们认真读罢全书，定会在他们幼小的心灵中迸发出探索的激情，从此喜欢上恐龙；即或不能与恐龙美好邂逅，那些曾经来自灵魂的碰撞也定会滋润心田。

　　现在，马上启程吧！让我们立即开始恐龙世界的探索之旅，了解它们的点点滴滴。

目 录
CONTENTS

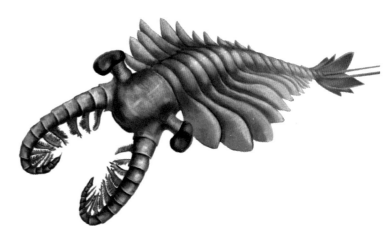

第二章　恐龙生活的世界

第三章 探寻恐龙的秘密

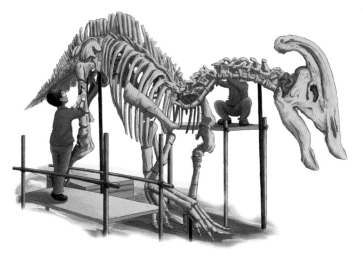

第四章 恐龙的远亲近邻

第五章 恐龙灭绝后的世界

第一章

恐龙出现之前的世界

宇宙从哪里来？地球是怎么诞生的？恐龙出现之前，地球上的生命又经历了一场怎样的进化之旅？让我们重回最初的史前世界，一起去寻找答案吧！

"无中生有"的世界

人类生活在地球上，地球又属于太阳系，太阳系存在于银河系中，银河系则是宇宙的一部分，所以可以肯定，我们现在所拥有的一切都是宇宙给的。但是，宇宙又是从哪里来的呢？

科学家推测，在百亿年前宇宙中的物质都集中在一点。某一瞬间，这个"奇点"发生了大爆炸，爆炸的"碎片"向四面八方散开来并且不断膨胀，形成了现在的宇宙。而那些包含质子、中子和电子的物质慢慢"制造"出了氢气、氦气和碳，并最终"创造"了各种恒星和行星等。

大约在距今 46 亿年前，太阳系中的一些碎片包括石块、尘埃和气体，因为引力和其他力的相互作用，它们围绕太阳高速旋转。在旋转的过程中，它们也会被对方吸引，慢慢地，这些物质形成了一个球体，这就是地球的雏形。

早期，地球还是一个"液态火球"。随着温度下降，它的最外层慢慢变成了固态岩石层，可是因为内部温度极高，地球经常会出现火山喷发的现象。

随着火山活动越来越频繁，地球上到处都流淌着炽热的红色熔岩流。后来，火山持续喷发将地球内部的气体携带出来，水蒸气、氢气、甲烷、二氧化碳等气体共同构成了原始的大气层。

不知过了多久，火山喷发的次数越来越少，地球的温度也继续下降，地球的固态层越来越厚，还进一步限制了火山的喷发次数。当然，因为天外陨石不断撞击，"素颜"的地球并不怎么好看，到处都是坑坑洼洼。与此同时，随着温度的继续降低，飘浮在地球上空的水蒸气慢慢冷却，最后就以降雨的形式降落到了地面低洼的地方，水越聚越多，于是就形成了原始的海洋。

此时，地球已经从一个"火球"逐渐蜕变成了一个"生命孵化器"。在距今大约 38 亿年前，最早的生命终于在原始的海洋中诞生了，地球又一次经历了一个从无到有的过程。

原始海洋的单细胞生物

前寒武纪生物

寒武纪生物

地球的年龄

从地球诞生之日起，它就开始经历着生命的演化，而最能记录这些演化差异的就是不同时代的岩层。人们将地球上成层的岩层分成了若干小层，每一层都代表生物进化的一个阶段，这些不同的地层共同组成了地球的地质年代。

前寒武纪时期，生命只有细菌、蓝藻、水母和蠕虫。

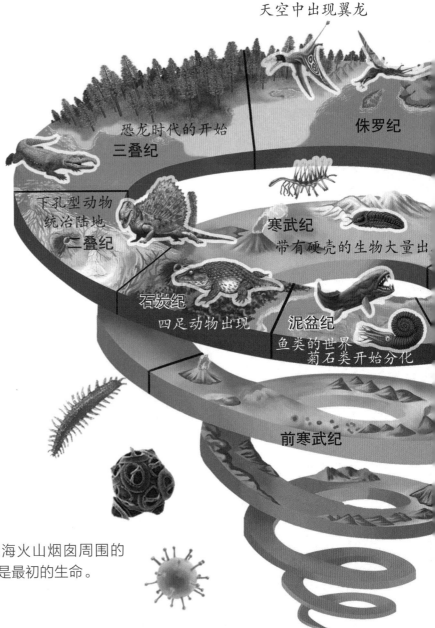

天空中出现翼龙

恐龙时代的开始

三叠纪

侏罗纪

下孔型动物统治陆地
二叠纪

寒武纪
带有硬壳的生物大量出现

石炭纪
四足动物出现

泥盆纪
鱼类的世界
菊石类开始分化

前寒武纪

栖息在深海火山烟囱周围的特殊细菌，这是最初的生命。

地质年代中最大的时间单位是"宙"，宙之下是"代"，代之下是"纪"，纪之下是"世"，世下分"期"，期下分"时"。

霸王龙称霸天下

白垩纪
大量的鸭嘴龙涌现

古近纪　哺乳动物开始统治地球

海生无脊椎动物达到巅峰

陶纪

植物登上陆地有颌鱼类出现

留纪

新近纪

哺乳动物逐渐大型化

哺乳动物进化得更高级

第四纪

人类逐渐形成

前寒武纪
距今 46 亿～ 5.42 亿年前

寒武纪
距今 5.42 亿～ 4.88 亿年前

奥陶纪
距今 4.88 亿～ 4.44 亿年前

志留纪
距今 4.44 亿～ 4.16 亿年前

泥盆纪
距今 4.16 亿～ 3.59 亿年前

石炭纪
距今 3.59 亿～ 2.99 亿年前

二叠纪
距今 2.99 亿～ 2.51 亿年前

三叠纪
距今 2.51 亿～ 2 亿年前

侏罗纪
距今 2 亿～ 1.45 亿年前

白垩纪
距今 1.45 亿～ 6600 万年前

古近纪
距今 6600 万～ 2300 万年前

新近纪
距今 2300 万～ 258 万年前

第四纪
距今 258 万年前至今

艰难前行的前寒武纪

前寒武纪的生命进化是从 38 亿年前开始，直到 5.42 亿年前结束，时间跨度大约为 33 亿年。这段时间对于人类来说非常漫长，但是对于地球上的生命来讲，仅仅是进化的刚刚开始。这一时期生命的种类非常单一，仅仅有蓝藻及其他几种单细胞生命，而大约在 6 亿年前才出现了多细胞的生命。

蓝藻

大约在距今 35 亿年前，海洋中出现了蓝藻。它可以制造氧气，为其他生命的出现创造了条件。

查恩盘虫

查恩盘虫生活在距今 5.7 亿年前，体长 20 厘米，第一眼看上去就像一片树叶，而且还能看到"叶脉"呢。

8

斯普里格蠕虫

斯普里格蠕虫生活于距今5.5亿年前，头部呈新月形，身体被中线分成两部分，可能是最早的对称性生物。

细胞是生命体最简单、最基本的单位，当生物由单细胞生物进化到多细胞生物后，生命的进化也加快了速度。

狄更逊水母

狄更逊水母生活在距今约5.6亿年前，外形呈椭圆形，身体两侧对称，体长从4毫米到1.4米，大小不一。

"驶入快车道"的寒武纪

寒武纪开始于 5.42 亿年前，终止于 4.88 亿年前。进入寒武纪以后，地球在 2000 多万年间突然涌现出种类繁多的动物，让寂寞了几十亿年的海洋一下子热闹了起来。节肢动物、腕足动物、环节动物、脊索动物等一系列生物出现在了海洋之中，生物的进化开始向多元化方向发展，直到今天，海底还有不少这些生物的后代。

三叶虫

三叶虫是寒武纪出现的有代表性的无脊椎动物之一。它的外形呈卵形或椭圆形，这是节肢动物所共有的特征。它们在地球上生活了将近 3 亿年，直到二叠纪末期才灭绝，是一种生命力非常顽强的生物。

微网虫

微网虫的外表像极了现代的毛毛虫，只不过它的体侧长了 10 对或 9 对"脚"。比较特别的是，微网虫的体表覆盖着鳞片状的外骨骼，古生物学家认为这些"骨片"也许有感光的作用。

先光海葵

先光海葵生活在寒武纪早期，它长着类似羽毛的触手，如果不仔细看还以为是一个"羽毛毽子"呢。"羽毛"上长着密集的纤毛，这些纤毛可不是用来保暖的，而是用来帮助其过滤水中的细小生物。

怪诞虫

　　怪诞虫生活在寒武纪早期，体长只有 1 厘米，但它却是寒武纪数量最多的动物。怪诞虫身上长着 7 对长刺，体侧两端长着 7 对足，在身体的一端还长着一个很大的团状物，那可能是它的头部，不过上面并没有嘴巴和眼睛，更没有鼻子。

班府虫

　　班府虫生活在寒武纪早期，体长约 10 厘米，躯干、尾部各占一半，尾巴呈扭曲状。

威瓦西虫

　　威瓦西虫生活在寒武纪末期，外形如同一只"刺猬"，想想看！这样一只只"刺猬"在海底慢慢地蠕动，也是一件非常有趣的事情吧。

奇虾

　　寒武纪的生物一般都是只有几厘米长的小型生物，但是诞生于寒武纪中期的奇虾体长却有２米！奇虾有一对带柄的巨眼，嘴里长着环状的牙齿，一对用于捕捉猎物的巨型前肢。除此之外，它还长着一个美丽而巨大的尾巴，尾部末端有一对长长的尾叉，从尾扇背中部伸出。

海口鱼

海口鱼是一种非常原始的似鱼形生物，它的体长只有 4 厘米左右，和一个拇指差不多大。

昆明鱼

昆明鱼出现的时间比海口虫、云南虫等脊索动物要晚一些，它同海口鱼一样，都属于最原始的脊椎动物。

鹦鹉螺走红的奥陶纪

奥陶纪开始于距今约4.88亿年前，在距今约4.44亿年前结束，中间持续了4000多万年。这一时期出现了广泛海侵，世界大部分地区都被海水淹没。在海洋中，无脊椎动物达到空前繁荣。原始脊椎动物出现并发展壮大，这就为以后生命向更高级进化奠定了基础。

鹦鹉螺

卷壳鹦鹉螺体长只有20厘米，有着漂亮的外壳，上面有火焰般的条纹。螺壳内部被分成了许多"小房间"，从里到外呈螺旋状排列，最外边的一个"小房间"最大，存放着鹦鹉螺的身体。鹦鹉螺的触手有几十条，可以用来捕食等。在触手下方，有一个漏斗状的结构，肌肉收缩可以向外排水，帮助鹦鹉螺移动。

直壳鹦鹉螺

　　直壳鹦鹉螺的生理结构和卷壳鹦鹉螺的基本一样，但它的壳变得笔直，并且体长达到了 11 米。它们的食物包括三叶虫、星甲鱼等动物，是当时海洋中的绝对霸主。

淡水无颌类

　　淡水无颌类出现在奥陶纪早期，是较早的脊椎动物之一。因为没有上、下颌骨，它们的嘴不能有效地张合，只能靠吮吸甚至仅靠水的自然流动将食物送进嘴里食用。

17

植物始上陆的志留纪

志留纪开始于4.44亿年前，结束于4.16亿年前。在奥陶纪末期，地球上发生了第一次生物大灭绝事件，海洋中有超过一半的生物灭绝。虽然志留纪时期，生物一直在缓慢地复苏和进化，但直到志留纪结束也未能超过奥陶纪的规模。因此在志留纪的海洋中，只有珊瑚、三叶虫、海百合、笔石等少数无脊椎动物幸存下来。

笔石

笔石在奥陶纪已经出现了。因为其他动物相继灭绝，它在志留纪得到了进一步发展。

海百合

海百合可分为有柄和无柄两大类。有柄海百合的身体有一个像植物茎一样的柄，柄上端还长着冠，冠上长着类似蕨类植物叶子的触手及内脏器官。无柄海百合缺少柄，但是有数条触手，口和消化管也位于花托状结构的中央，既可以浮动，又可以固定在海底。

棘鱼

在志留纪早期，有颌的脊椎动物——棘鱼出现了。具有了颌之后，它们可以用颌作为武器去主动咬住猎物，这就大大增加了棘鱼的生存概率。

板足鲎

板足鲎的身体一共有 6 对附肢，最前端的为 1 双螯肢，这是它们最厉害的武器，可以捕捉猎物。最后 1 对附肢变得宽扁，类似船桨，可用来推动身体前进。

鱼类大爆发的泥盆纪

泥盆纪始于距今 4.16 亿年前，结束于距今 3.59 亿年前。进入泥盆纪，脊椎动物开始逐渐成为主角。此时，作为脊椎动物早期类型的鱼类出现了一个发展的井喷期，甲胄鱼类、盾皮鱼类、软骨鱼类（如鲨鱼类）以及硬骨鱼类你方唱罢我登场。因此，泥盆纪也常被称为"鱼类时代"。

在泥盆纪晚期，还有一个值得纪念的事件，那就是海洋动物中的鱼类开始登陆，最终它们部分演化成了两栖动物，标志着脊椎动物的进化由海洋转向了陆地，也意味着一个崭新的生物时代即将来临。

头甲鱼

头甲鱼的头部长着一个坚硬的"头盔"，鳞片也和现代的鱼大不一样，是长条形的骨板。它们的游泳能力不是很强，所以食物范围很窄，只能靠吸食海藻为生。

鳍甲鱼

鳍甲鱼和头甲鱼一样，也有一副沉重的"盔甲"保护着它的头部。另外，在"铠甲"后方还长着斜向上方的刺，就像现代鱼类的背鳍一样。

邓氏鱼

邓氏鱼的身体大约10米长。它们没有真正的牙齿，但是有两排凹凸不平的刃片，超强的咬合力可以让其轻易咬碎甲胄鱼等动物的外壳。邓氏鱼也因此成为泥盆纪海洋中的霸主。

裂口鲨

　　裂口鲨是较古老的鲨鱼之一。它的身体外形和现生鲨鱼已经非常接近，不过现生鲨鱼的口是横裂缝状的，但裂口鲨的却是直裂缝状的。古生物学家研究化石后认为，裂口鲨捕猎时会用嘴包裹住猎物，然后一口吞下。

胸脊鲨

　　胸脊鲨生活在泥盆纪晚期，是软骨鱼的一种，它有一个非常特殊的平板状背鳍，上面还布满了刺状鳞片。这些奇怪的"装置"只在雄性身上被发现了，推测其可能是它们求偶的工具。

沟鳞鱼

沟鳞鱼体长 30 厘米左右。它因头部和胸部外面套着骨甲，上面还有弯曲的小沟而得名。

真掌鳍鱼

真掌鳍鱼生活在泥盆纪晚期，身体两侧有两个肉质鳍，可以用来支撑身体，再加上它进化出了内鼻孔和鱼鳔，可以在水面呼吸，使其具备了登陆的条件。

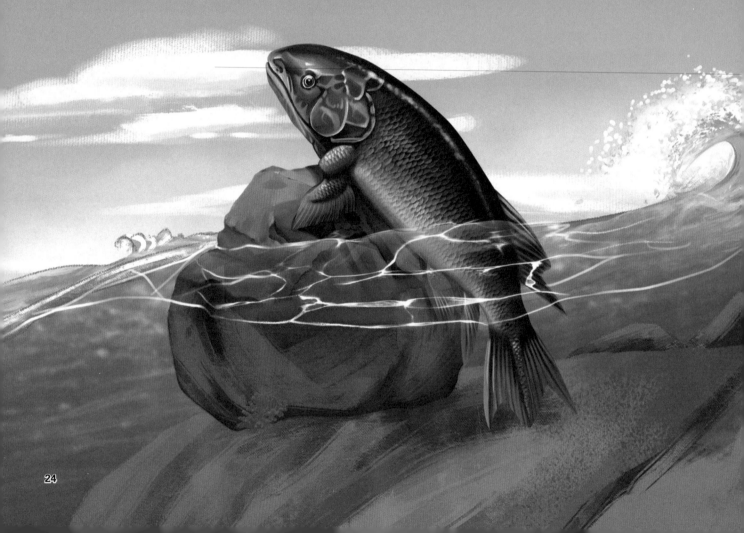

鱼石螈

　　鱼石螈生活在泥盆纪晚期，体长约 1 米，身体呈现出鱼类和两栖类的双重特征，已经可以在陆地上爬行了。

25

植物广布的石炭纪

石炭纪时期气候温暖湿润，除了海洋外，地球上各个角落都被高大的蕨类植物覆盖着。同时，由于大规模的海退现象，一些总鳍鱼类不得不开始向陆地进发，它们逐渐摆脱了对水的依赖，最终演化成了两栖动物。许多无脊椎动物变得异常巨大，如节肢动物等，因此石炭纪也被称为"巨虫时代"。

引螈

引螈出现在石炭纪早期，属于迷齿类家族的一员。它体长1.8米以上，经常出没于河流湖泊附近，捕食鱼类和其他动物。

远古蜈蚣虫

远古蜈蚣虫的外形和现代蜈蚣很像，但是身体的长度却超过了2米，主要以植物和其他虫子为食。

巨型马陆

巨型马陆体长达到了惊人的3米，身体由多节体节组成，以蕨类植物和其他虫子为食。

巨脉蜻蜓

　　巨脉蜻蜓是石炭纪的一种昆虫，外形与现今的蜻蜓接近，但它的翅膀展开足足有 75 厘米，是已知地球上曾经出现过的最大昆虫。

林蜥

  林蜥是石炭纪爬行动物的代表，它们的上下颌较长，有小而锐利的牙齿。

  石炭纪时期，早期的爬行动物出现，它们的皮肤上长有鳞片，不必像两栖动物那样隔一段时间就需要返回水中。

爬行动物崛起的二叠纪

    二叠纪开始于距今约2.99亿年前，延续至2.51亿年前。这个时期，地壳活动加剧，几块大陆开始合并，到了二叠纪晚期，所有陆地都连在了一起。另外，大面积的海退让陆地面积进一步扩大，海洋范围缩小。自然环境发生了变化，生物演化的轨道也随之发生了改变。

普氏锯齿螈

    普氏锯齿螈体长约9米，从外形看和今天的鳄鱼非常相似，它有细长的嘴巴，嘴里长满了尖锐的牙齿，应该非常擅于捕鱼。

二叠纪时期，两栖动物不仅种类众多，还出现了体形相当大的个体。但是，后来大陆腹地变得异常干旱，对两栖动物并不友好，而已经进化的爬行动物皮肤被坚硬的鳞片覆盖着，能够保住水分，更加适应干旱的环境。因此，杯龙目、盘龙目和兽孔目三个主要类群的爬行动物在二叠纪得到了快速发展。

笠头螈

笠头螈是生活在二叠纪中期的一种两栖动物。它最突出的特征就是头部呈扁平的箭头状，体长约 60 厘米，最大能达到 1 米。

蜥螈

蜥螈生活在二叠纪早期，它的形态介于爬行动物和两栖动物之间，是一个典型的过渡物种。

前棱蜥

前棱蜥是一种小型动物，模样有些像蜥蜴。它的头呈三角形，四肢粗壮。

基龙

基龙的背上长着骨质背帆，从颈部一直延伸到臀部，这是它们最典型的特征，其可能是用来调节体温的。

丽齿兽

丽齿兽是兽孔目家族的一员，长有锋利的犬齿，能轻易撕开其他动物的皮肉，这让丽齿兽在二叠纪晚期曾称霸一时。

异齿龙

　　异齿龙无论是身材还是相貌，都和基龙长得十分相似。它们都属于盘龙目爬行动物。只不过异齿龙是肉食动物，基龙则是植食动物，甚至异齿龙的食物还包括基龙。

第二章

恐龙生活的世界

恐龙作为史前霸主，曾在蛮荒的地球上生存了 1.6 亿年之久。你是不是很好奇，恐龙家族都有哪些成员？它们各自练就了什么"绝世武功"？现在我们一起去恐龙时代看一看吧！

横空出世：三叠纪

三叠纪开始于2.51亿年前，结束于2亿年前，是中生代第一个纪。三叠纪的地球当时只有一块超级大陆，地质学家叫它盘古大陆或泛大陆。当时地球到处是热气腾腾的荒漠，气候异常炎热，甚至连南北极都没有冰川。

腔骨龙

二叠纪末期的大灭绝让许多生物消失了，而幸存的种群——爬行动物在三叠纪却得以迅速扩张、崛起。三叠纪时，地球气候干燥，植被较少，裸子植物顽强地发展着，并在三叠纪晚期一举成为陆地植物的主要"统治者"。

波斯特鳄

三叠纪早期，部分初龙类动物慢慢演化，在三叠纪末期进化成恐龙和翼龙。

三叠纪时期，许多陆生爬行动物回归水域。与此同时，早期哺乳动物出现，它们十分弱小，只能在夹缝中求生存。

三叠纪末期生物界又出现了一次大灭绝，约有一半的海洋生物因此彻底消失；只有鱼龙等部分物俦幸逃脱。陆地上早期的爬行动物几乎唯有恐龙一族凭借着惊人的生命力存活下来，得到了进一步发展和壮大。

真双型齿翼龙

原始龟

异平齿龙

恐龙之祖——初龙

从生物演化角度看，恐龙绝不会凭空出现，它们一定也是从其他祖先动物演化而来的。那么恐龙的祖先究竟是什么动物呢？古生物学家根据一些化石留存下来的蛛丝马迹，认为恐龙直接或者间接地演化自生活在三叠纪早期或中期的初龙类动物。

初龙并不是一种确切的动物名称，它囊括中生代在地球上占统治地位的爬行动物，也被叫作主龙。它主要包括镶嵌踝类和鸟颈类，镶嵌踝类主龙是所有鳄类的祖先，而鸟颈类主龙则是恐龙和翼龙的祖先。

初龙类的后肢比较长，可以用半直立的姿势行走。在三叠纪，它们的身影遍布大陆的各个角落。

鸟颈类主龙并没有直接演化成恐龙，而是演化成了非常接近恐龙的爬行动物。它们继续演化发育，最终在三叠纪晚期演化成了恐龙。

斯克列罗龙

斯克列罗龙是生活在三叠纪晚期的一种鸟颈类主龙，它的体长只有 18 厘米，后肢非常强壮，平时能用后肢或者是四肢来走路。

斯克列罗龙

马拉鳄龙

马拉鳄龙虽然外形上接近恐龙，可它的体形和后期的恐龙仍然无法相提并论，体长只有 40 厘米。

马拉鳄龙

巨龙出没：侏罗纪

　　侏罗纪是中生代的第二个纪，在三叠纪末期灭绝了大量物种的同时，也给予了恐龙崛起的机会。进入侏罗纪后，幸存的恐龙开始了疯狂演化。在很短的时间内，恐龙迅速发展出好几个分支，种群变得多样化。它们渐渐在陆地上站稳脚跟，并开始谋求独尊的霸主地位。

梁龙

腕龙

剑龙

　　侏罗纪时期，气候温暖湿润起来，裸子植物大量繁殖。植物的繁茂使得植食恐龙得到空前发展，不仅种类繁多，还变得巨大无比，而以植食恐龙为食的肉食恐龙自然种群也更为丰富。

在海洋中，海生爬行动物继续演化，鱼龙目减少，
蛇颈龙目壮大。天空被翼龙所占领。可以说，侏罗纪就
是一个以恐龙为主的爬行动物统治的世界。

最后辉煌：白垩纪

白垩纪是中生代的最后一个时期，它开始于1.45亿年前，结束于6600万年前。这一时期，地球气候和侏罗纪时期一脉相承，到处有生长茂盛的森林，蕨类植物进一步退化，开花植物在地球上开始大面积繁衍。

蜥脚类恐龙开始退出历史舞台，恐龙家族的成员进一步壮大，鸭嘴龙、三角龙、伤齿龙，以及大名鼎鼎的霸王龙，都是白垩纪才出现的新成员。

沧龙

　　在海洋中，身形超过 20 米的沧龙成了绝对的霸主，它们以蛇颈龙等大型海生动物为食。

恐龙家族的族谱

恐龙凭借强大的实力统治了地球1.6亿年之久，是一个种类繁多的庞大家族，其成员特征复杂，外表千姿百态。古生物学家是怎样区分它们的呢？

古生物学家根据恐龙臀部的骨盆（专业上称之为"腰带"）的构造，把恐龙分为了两大类：蜥臀目和鸟臀目。蜥臀目恐龙都长着和现生蜥蜴一样的"腰带"，鸟臀目恐龙都长着和鸟类类似的"腰带"。

蜥臀目可以再分为蜥脚类和兽脚类。

兽脚类生活在晚三叠纪至白垩纪。它们都是肉食恐龙，头骨很发达，嘴里有如匕首一般的利齿，长有锐利的爪子。暴龙、异特龙、南方巨兽龙等恐龙都属于兽脚类恐龙。

蜥脚类分为原蜥脚类和蜥脚类。原蜥脚类主要生活在晚三叠纪到早侏罗纪。例如板龙、安琪龙。蜥脚类主要生活在侏罗纪和白垩纪。它们绝大多数都是大型的植食性恐龙，如马门溪龙、圆顶龙、梁龙等。

阿马加龙

肠骨

坐骨

耻骨

梁龙

板龙

肠骨

坐骨

耻骨

鸟臀目可以分为五大类: 鸟脚类、剑龙类、甲龙类、角龙类和肿头龙类。

三角龙

慈母龙

剑龙

肿头龙

甲龙

蜥臀目恐龙

鸟臀目恐龙

胜王龙

蜥脚类

兽脚类

剑龙类

鸟脚类

甲龙类

原蜥脚类

肿头龙类

角龙类

蜥脚类

45

首批现世的恐龙

地球上的第一批恐龙出现在三叠纪晚期。最早出现的恐龙都是牙尖爪利的食肉类，经过演化，植食性恐龙也开始出现，恐龙在三叠纪的地球上不断繁衍生息，逐渐繁衍成一个大家族。

始盗龙

始盗龙属于一种两足行走的肉食性恐龙。虽然它们个头不大，但有着锋利的爪子和较快的速度，是三叠纪一名优秀的"猎手"。

皮萨诺龙

皮萨诺龙是一种植食性恐龙。古生物学家推测，它们也许是最原始的鸟臀目恐龙。

埃雷拉龙

埃雷拉龙是一种古老的恐龙，它和后来的肉食性恐龙有许多相同之处，比如锐利的牙齿、较大的利爪和强有力的后肢，以其他小型爬行动物为食等。

板龙

　　板龙是三叠纪晚期的恐龙。体长 6 ~ 8 米，在三叠纪，板龙算是十分高大的恐龙了。

南十字龙

南十字龙身长约2米，它们的化石出土于南半球。南十字龙有五根前指和五根后脚趾，这是恐龙非常原始的特征。

理理恩龙

理理恩龙同样是活跃在三叠纪的掠食者。它们的脖子较长，脑袋较小。头骨顶端还长有两片薄薄的脊冠。

巨型蜥脚类恐龙

如果有人告诉你，地球上曾经生活过体长30米的大怪物，你会觉得他是异想天开。但是化石告诉我们，这种巨型生物的的确确存在过，它们就是蜥脚类恐龙。

侏罗纪时期气候温暖，植被十分茂密，对于很多植食恐龙来说，它们在森林里有吃不完的食物，因此一般都长得巨大无比。

腕龙

蜥脚类恐龙中有一类原蜥脚类恐龙，这类恐龙体形中等，只有 10 米左右，但与同时期其他动物相比，它们也已经是巨无霸了。毕竟当时的哺乳动物，也才只有老鼠般大小。

禄丰龙

原蜥脚类恐龙有一个狭小的头部和细长的脖子，因为前肢比后肢短，所以可能会采用两足或半四足走路。原蜥脚类恐龙有一条粗壮的尾巴，这样在走路时就可以平衡身体。里奥哈龙、板龙、黑丘龙、禄丰龙、云南龙都属于原蜥脚类恐龙。

里奥哈龙　　　　板龙　　　　黑丘龙　　　　禄丰龙

哈氏梁龙

阿马加龙

云南龙

侏罗纪早期，另一类蜥脚类恐龙出现了，它们比原蜥脚类恐龙有着更长的脖子、更大的体形，比如梁龙、阿根廷龙、超龙、波塞冬龙等侏罗纪到白垩纪时期的蜥脚类恐龙体长都有三四十米。蜥脚类恐龙的尾巴又细又长，如同一根巨型长鞭，可以用来抽打敌人。

蜥脚类是个大家族，梁龙、迷惑龙、腕龙、马门溪龙、圆顶龙等恐龙都是这个家族的成员。当然，在蜥脚类恐龙中也有一些"小个子"，如叉龙科的叉龙、阿马加龙、短颈潘龙，它们的体长只有 10 米左右。

伶盗龙

身背 "利剑" 行天下的剑龙类

中生代时期的恐龙多不胜数，想让自己与众不同，那必须得在外形上下一番工夫。有一类恐龙的背上长着两排"利剑"，它们所到之处，必然会引起一阵骚动，这就是剑龙类。

剑龙骨骼

剑龙尾刺

这些"利剑"实际上是一种由骨骼形成的骨板，这些骨板大小不一，脖子和尾巴上方的骨板比较小，中间的骨板逐渐变大。在剑龙尾巴的末端，还长有四根长刺，这也是辨认它们的关键特征。

剑龙类最早出现于侏罗纪中期，在侏罗纪晚期达到了进化顶峰，但是进入白垩纪以后就灭绝了。著名的剑龙类包括华阳龙、巨棘龙、剑龙、钉状龙等。

长着"鸟脚"的鸟脚类

莱索托龙

鸟脚类恐龙出现于三叠纪晚期，一直延续到白垩纪晚期。它们用强壮的后肢奔走，有时也会四肢着地。早期的鸟脚类恐龙体形很小，如莱索托龙只有 1 米左右。后期的鸟脚类恐龙体形变大，如鸭嘴龙能长到 10 米左右。

鸟脚类恐龙的爪子

小型鸟脚类恐龙和兽脚类恐龙虽然都会用后肢站立、奔走，看起来很像，但二者却有明显区别。鸟脚类恐龙长得很像鸟类，头部长有喙和颊囊，其前肢有四到五根指。而兽脚类恐龙则只有两到三根指。

兽脚类恐龙的爪子

鸟脚类恐龙是一个庞杂的类群，包括畸齿龙科、法布劳龙科、棱齿龙科、禽龙科、鸭嘴龙科等。在白垩纪晚期，鸭嘴龙科成了演化得最成功的鸟脚类恐龙。

畸齿龙

法布劳龙

禽龙

棱齿龙

鸭嘴龙

尖爪利牙的兽脚类

大家一听到兽脚类恐龙，肯定会觉得它们长着野兽一样的脚。其实并不是，兽脚类只是古生物学家用来区分肉食恐龙和植食恐龙的一个专业分类名词。恐龙分为鸟臀目和蜥臀目，其中所有的肉食恐龙都是蜥臀目中的兽脚类恐龙。

霸王龙

美颌龙

在所有恐龙类群中，约有 40% 属于兽脚类恐龙，包括地球上出现的第一批恐龙成员和最后消失的恐龙，它们是整个恐龙时代的胜利者和统治者。既有霸王龙那样的大块头，也有如火鸡般大小的美颌龙。

兽脚类恐龙视力发达，能发现远处的猎物。它们嘴里长满了匕首状的牙齿，牙齿边缘有许多小锯齿，可以轻易将猎物身上的肌肉和肌腱撕咬成碎片。它们的前肢短小灵活，后肢粗壮有力。所以兽脚类恐龙基本都是肉食性恐龙，但随着演化，也有一小部分兽脚类恐龙变成了杂食恐龙。

眼睛很大

匕首状牙齿

前肢短小灵活，长有利爪

后肢粗壮有力

身似"坦克"的甲龙类

　　甲龙类身上覆盖着厚厚的鳞片，就像铠甲一样坚硬无比，上面还长满了长刺和半圆形的骨钉，这是甲龙类的防御武器。它们的尾巴非常坚硬，部分甲龙类尾巴末端还有一个尾锤，如果不小心被尾锤狠狠地击打一下，捕食者可能会被击晕过去。

林龙

多刺甲龙

　　甲龙类主要分为甲龙科和结节龙科，区别就是结节龙科恐龙的尾部没有骨锤，而大部分甲龙科恐龙是有骨锤的。

美甲龙

甲龙用四肢在地上缓慢爬行。如果有人能穿越回白垩纪末期，看到甲龙一定会大吃一惊，这明明就是行走的坦克啊！

因为甲龙的身体太笨重了，再加上四肢粗短，所以它们贴地行走，头也不会抬得很高，只能吃地面上的低矮植物。

棘甲龙

甲龙

多智龙

加斯顿龙

头上长角的角龙类

白垩纪时期，凶猛的食肉恐龙层出不穷，一些植食性恐龙为了生存，演化出奇形怪状的防御武器，其中角龙类演化得相当成功。

角龙类主要有两种：一种是早期的鹦鹉嘴龙科，这类恐龙并没有明显的鼻角和颈盾，长着像鹦鹉一样的喙嘴，生活在白垩纪早期。

另外一种是生活在白垩纪晚期的角龙科恐龙，它们头上长着角，脖子上还长着巨大的颈盾。著名的角龙科恐龙包括五角龙、三角龙、戟龙、华丽角龙等成员。

鹦鹉嘴龙

五角龙

三角龙有非常大的颈盾，鼻孔上方有一根角，眼睛上方有一对角。它们的角是非常厉害的武器，有时候就连霸王龙也不敢轻易招惹它们。

三角龙

戟龙

华丽角龙

戴"头盔"的肿头龙类

肿头龙类也是白垩纪时期新出现的恐龙。这一家族的标志性特点是成员的头骨都很厚，个个像戴了安全帽一样。

肿头龙类是一类小型植食恐龙，它们长着又厚又高的头骨。古生物学家认为，这种硬头也是它们彼此争斗较量的武器。当族群受到侵犯时，家族的成员也可以摆出"铁头阵"，抵御外敌。

第三章

探寻恐龙的秘密

恐龙不仅具有独特的魅力，身上还藏着许许多多的秘密。大家还等什么？赶快加入我们，开启一段超有趣的探索之旅吧！

恐龙的那些事

恐龙无疑是地球上生活过的很成功的物种之一。那么，恐龙是怎么行走的？它们的身高、体重、智力如何？恐龙吃什么？它们会发声吗……欢迎一起走进恐龙的世界，了解与恐龙有关的那些事。

四足或两足行走

其实，在恐龙刚出现时，它们基本都用两条腿昂首阔步地行走和奔跑。后来，经过漫长的演化，有的恐龙渐渐变成了四足动物，但是有的仍然坚持两足行走。

　　植食性蜥脚类恐龙在进化过程中体形变得越来越大，两足走路也越来越吃力。为了支撑起笨重的身子，它们只能用粗壮得像柱子一样的四肢来行走。植食性恐龙中大型鸟脚类恐龙可能会采用两种方式来走路。如鸭嘴龙，平时在走路时可能会用两条腿走路。但是一旦遇到危险，它们可能就会前肢着地，用四肢逃跑。而小型的鸟脚类恐龙基本都会用两条腿走路。

　　肉食性恐龙的后肢很强壮，适合快速奔跑，而前肢短小，主要用来帮助抓紧猎物，因此肉食性恐龙基本都会用两条腿走路。

恐龙的体温

　　恒温是高级动物才具有的一种特性，恒温动物的体温调节机制比较完善，可以在环境温度变化的情况下保持体温的相对稳定，如鸟类和哺乳动物。而变温动物自身不能调节体温，只能靠行为来调节体热的散发或从外界吸收热量来提高自身的体温。那么，恐龙作为爬行动物家族的一员，究竟是恒温动物还是变温动物呢？

热血动物　　　　冷血动物

　　有些古生物学家认为，如果恐龙是冷血动物，它们的行动可能很迟缓，只有捕食时才出动。但是一些事实表明，恐龙行动敏捷迅速，大部分时间都在吃、吃、吃，这更符合恒温动物的行为。

　　有人对此观点提出质疑，中生代地球没有明显
的四季变化，全球一片温暖。生活在这样的环境下，
即使是变温动物行动也不会受到多少限制。不过，
这个理论同样不能解释其他动物生存下来的原因。

71

恐龙的身高

　　我们做体检的时候，都会有身高、体重等项目。如果恐龙去体检，身高和体重真不好测量，因为根本没有适合测量恐龙身高、体重的仪器。不过没关系，我们在全世界发现了很多恐龙化石，古生物学家通过化石，知道了这些史前恐龙到底有多高。

　　恐龙家族也有小巧玲珑的类型。小盗龙全长大约 60 厘米；黄昏龙站起来的身高只有 45 厘米，体形比猫还小。

梁龙

腕龙

侏罗纪时期，地球遍地都是茂密的森林，植食性恐龙把自己吃成了巨无霸。拿峨眉龙来说，身高 4 ~ 7 米，这只算是恐龙中的中等身材，要知道，现生动物中最高的长颈鹿也才 6 米高。而腕龙随随便便站出来，就差不多有 5 层楼高。

肉食性恐龙为了捕食植食性恐龙，不甘落后，体形也越来越大。比如著名的霸王龙，体长 11 ~ 14 米，站起来有 6 米多高。

泰坦巨龙

马门溪龙

泰坦巨龙

梁龙

腕龙

霸王龙

体形身高对比

给恐龙称量

我们想要知道恐龙的身高、体长还可以靠测量骨骼得出一个基本准确的数字，如果是要给恐龙测量体重，那可是比较困难的事情。因为恐龙的肌肉组织已经腐烂，根本没有办法称体重。

目前世界上公认的恐龙体重的测量方法是利用物理学的一个公式：物体的质量＝体积 × 密度。

如果想要得到某只恐龙的体重，古生物学家们会根据医学、力学等知识把恐龙的各个部分都复原组装好，甚至包括恐龙的皮肤及毛发，然后再根据它做出一个缩小了的恐龙模型。

把做好的模型放进一个空箱子里，往箱子里倒一些沙子，匀称地盖住恐龙。这时候把模型拿出来，沙子的高度就会下降，再倒沙子来补平下降的高度，加进去的沙子就是恐龙的体积。这个计算方法和我国古代曹冲称象的方法差不多。

算好了体积，就需要算恐龙的身体密度，恐龙身体的密度是根据与它关系比较近的、现代的爬行动物身体的密度来推测的。把恐龙模型的体积放大到原来的大小，再乘以它的密度就大致知道恐龙的体重了。

除此之外，还有一些其他的算法，一些古生物学家根据恐龙腿骨密度的公式计算体重，这种方法产生的体重误差相对要高一些。经计算，目前已知的体重最重的恐龙是阿根廷龙，体重约 90 吨。小的恐龙也有很多，有的体重在 1 千克左右。

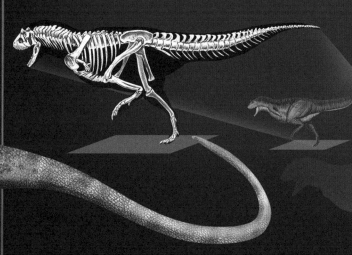

按照鳄鱼的
密度估算

KG

重量　　体积　　密度

恐龙的智力

恐龙的身高、体重可以被计算出来，但由于技术有限，人类还无法准确计算出恐龙确切的智商。要想知道动物的智力水平，最简单的方法就是确定它们的脑和身体的相对比例。通常情况下，越是聪明的动物，其脑容量所占的身体比例就越大。

除此之外，还可以通过恐龙的生活方式来寻找蛛丝马迹。一般来说，体形很大，不需要猎食的恐龙可能都不太聪明。而游牧类型的恐龙和群体猎食者因为需要思考如何捕食，如何提高团队作战能力，所以它们的智商比较高。

伤齿龙

鸟脚类恐龙

剑龙类恐龙

蜥脚类恐龙

经过多方面综合研究，古生物学家给恐龙智商做了一个排行榜：身体轻盈的伤齿龙最聪明；横行霸道的兽脚类恐龙排行第二；白垩纪的鸟脚类恐龙排行第三；温顺的角龙类恐龙排行第四；笨重的剑龙类恐龙排行第五；浑身盔甲的甲龙类恐龙排行第六；巨大的蜥脚类恐龙智商最低。

兽脚类恐龙

角龙类恐龙

甲龙类恐龙

恐龙的视力

在电影《侏罗纪世界》里可以看到，很多恐龙是用嗅觉和听觉来感知周围环境，很多人一直认为恐龙的视力可能很差，真实的情况是这样吗？

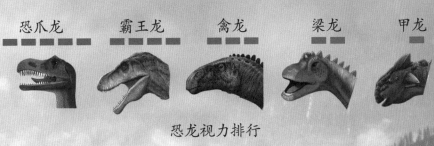

恐爪龙	霸王龙	禽龙	梁龙	甲龙

恐龙视力排行

其实，视力的好坏主要由眼睛的大小和两只眼睛的位置近远决定。一般来讲，大眼睛的动物视力比较好，双眼位置越近的动物视力越好。

兽脚类恐龙大都具有一双大眼睛，而且位置靠近脸部前面，目光敏锐，视力出众。其中，尤以伤齿龙、似鸟龙和霸王龙等的视力最好。借助这样的眼睛，它们能够准确地看清楚远距离的猎物。有些恐龙视力超群，甚至能够在夜间捕猎。

肿头龙类、剑龙类、甲龙类的眼睛相对较小，它们的视力可能很差，尤其是又低又矮的甲龙，出现在它们眼前的，可能只有植物的根茎。

恐龙的牙齿

　　我们平时吃完东西，少不了要刷牙漱口，保持口腔卫生，因为我们人类的牙齿只能换一次。而恐龙却一生都可以换牙。如果一颗牙齿磨损坏了，就会有新牙长出来代替这颗坏牙，真是让人羡慕呀！要知道，恐龙种类有很多，它们的牙齿也各不相同。

肉食性恐龙牙齿

植食性恐龙牙齿

　　一般来说，肉食性恐龙的牙齿比植食性恐龙的牙齿锋利，外形像弯曲的匕首，可以刺破猎物的皮肤。

马门溪龙牙齿

鸭嘴龙牙齿

剑龙牙齿

角龙牙齿

甲龙牙齿

中生代比较流行的植物主要有苏铁、棕榈、银杏、松柏等，后来还出现了不少被子植物。不同的植食恐龙牙齿形状不同，这与它们的食物和"吃饭习惯"有关。

三叠纪时期

蕨类、苏铁及松柏类

侏罗纪时期

裸子植物中的松柏类、银杏类繁盛

白垩纪时期

裸子植物繁盛，被子植物大发展

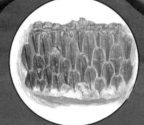

鸭嘴龙牙齿化石

鸭嘴龙嘴巴里有成百上千颗倾斜的菱形牙齿，在研磨食物的同时随时等着候补、替换。

恐龙的叫声

恐龙出现于 2.3 亿年前的三叠纪晚期，灭亡于约 6600 万年前的白垩纪晚期，这个时候人类还没有出现，绝对没有人听到过恐龙的声音。那么，恐龙可以发出声音吗？

古生物学家们通过研究恐龙化石发现，有些恐龙头骨上有一个形状独特的结构，推测这可能就是恐龙用来发声的器官。

　　古生物学家根据恐龙化石的结构用电脑模拟出了一个恐龙的大脑结构，又复原了恐龙的声带并采集了大量现生动物的叫声，来模拟出想象中的恐龙的声音。比如霸王龙可以发出虎啸般的嘶吼声，小型兽脚类恐龙叫声像鸟一样，大块头的蜥脚类恐龙能发出低鸣声。当然，这只是古生物学家加工出来的恐龙声音，真正恐龙是如何发声的，还是一个谜团。

恐龙的性别

　　家长跟孩子介绍恐龙知识时，会下意识说恐龙妈妈、恐龙宝宝的，可到底怎么确定哪个是恐龙爸爸，哪个是恐龙妈妈呢？由于恐龙骨骼埋藏在地层中达数千万至亿年，可以区分性别的软组织都消失殆尽，要想分辨恐龙的性别可真不是一件简单的事情。目前古生物学界认为有三种方法可以区分恐龙的性别。

　　第一种方法是依据骨骼化石来判断。骨骼化石中有一种特殊的骨髓层，是雌性恐龙在生育期才会有的。但是这种方法只能鉴定生育期的雌性恐龙。

骨骼化石剖面

第二种方法是根据恐龙头冠的大小和高低位置进行区分。古生物学家
认为恐龙的头冠可以区分雌、雄，雄性的头冠大而鲜艳，雌性的头冠比较小。
但这个方法只适用于少数有头冠的恐龙。

第三种方法是根据体形
来鉴别。在现生高等动物中，
雄性在骨骼、力量等方面都
很有优势，外表也会更漂亮，
皮毛更鲜艳。但是这些方法
只适合于现生动物，对于恐
龙则没有严密的科学依据。

恐龙的皮肤

　　恐龙的身体到底是什么样的？它们的皮肤是什么颜色？肯定有很多人都想知道这些问题的答案吧。但遗憾的是，恐龙化石是无法保留恐龙皮肤颜色的。不过，古生物学家结合一些"印痕化石"以及一些现生爬行类的皮肤，对恐龙皮肤也做出了一些推测。

　　一些大型恐龙，如蜥脚类恐龙的皮肤颜色和现生的蜥蜴应该很相似，以灰黑色为主。而大型肉食恐龙的皮肤以灰褐色为主，都是尽量避免在捕食时被发现。但也有的恐龙为了吸引异性，繁殖期时的皮肤颜色会比较鲜艳。

从印痕化石来看，大多数恐龙的皮肤和蜥蜴、鳄鱼等爬行动物的皮肤差不多，表面覆盖着不规则的多边形鳞片，有些还长有角质骨板。这样的皮肤可以保护自己，还能减少身体水分的流失。

一些体形偏小的肉食恐龙，为了方便隐藏、捕猎，皮肤颜色很可能是偏土壤颜色的土黄色或是树叶颜色的草绿色。

有的古生物学家甚至大胆猜想，某些恐龙的皮肤颜色有可能随着环境的改变而改变，就像现在的变色龙一样。

恐龙蛋的秘密

　　如果问你小鸟的蛋有多大，你会说像一颗葡萄。但是如果问你恐龙的蛋有多大，这个问题该怎么回答呢？古生物学家通过对比化石发现，恐龙蛋大小不一，小的与鸭蛋差不多，大的直径超过50厘米，足足有3个鸵鸟蛋那么大。

胚胎中的路易贝贝

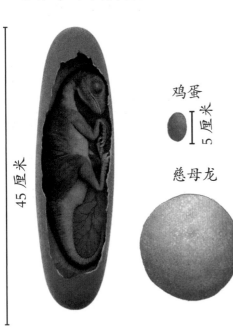

45 厘米

鸡蛋

5 厘米

慈母龙

15 厘米

　　神奇的是，人们发现有些恐龙蛋化石是两两排在一起的，这两个蛋明显区别于其他蛋，古生物学家推测有些恐龙具有双卵巢和双输卵管，这样就可以一次下两个蛋。

窃蛋龙、驰龙、伤齿龙等小型兽脚类恐龙的蛋一般呈长圆形

现生动物无论是鸟还是爬行动物，它们的蛋都基本为椭圆形，蛋头较尖，蛋尾较圆。但是恐龙蛋的形状却多种多样，有的是椭圆形，有的是圆形，有的则是长椭圆形或橄榄形。

早期恐龙蛋表面比较光滑，而后期恐龙蛋外表出现了花纹、粗糙的条纹及瘤状突起。恐龙这样做可能是为了增加蛋壳的硬度，提高宝宝的存活率。

马门溪龙、梁龙和雷龙等用四肢行走的大型恐龙的蛋多为圆形

简陋的巢穴

一个月明星稀的晚上，一只海龟慢吞吞地上了岸。只见它艰难地挖出一个深洞，把卵产在里面，用沙土掩埋后就回到海洋中去了。以后，小海龟的生死就要靠它们自己了。那么，恐龙是不是也像海龟这样繁殖后代呢？

产蛋之前，雌性恐龙会先筑一个窝，窝的样式多种多样。有的恐龙妈妈只是在沙地上挖一个圆坑，周围用泥土围上，这样可以起到防水的效果。有的恐龙妈妈可能会先在地面上堆一个很高的土堆，然后再在土堆上挖一个坑，这就是它们的巢穴。

恐龙蛋的孵化

  蛋的形状不同，恐龙妈妈产蛋的方式也不同。产长形蛋的恐龙妈妈会把蛋产在窝的四周，蛋两两一起，呈辐射状排列，产完一层蛋后埋上一些土再产蛋，最后扒一些泥和植物盖上。而产圆形蛋的植食恐龙会把蛋随意产在窝里，然后再扒一些泥沙掩埋上。

  古生物学家发现窃蛋龙会像鸡一样坐在窝上面孵蛋。这一研究给窃蛋龙洗刷了冤屈，因为在很长一段时间里，人们认为它是在偷窃其他恐龙的蛋。至于其他恐龙会不会孵蛋，还需要更多证据去验证。不过，古生物学家推测，某些恐龙应该会像现生爬行动物那样依靠阳光的热量让蛋自己孵化。

恐龙宝宝的生长

在哺乳动物中，大多数都是母亲照顾宝宝，对宝宝进行哺乳和抚育的。这样一来，可以减少天敌对宝宝的侵害，还可以让后代通过学习，获得技能。那么，恐龙宝宝是怎么长大的？也是由妈妈抚育照顾吗？

恐龙破壳的过程

在中国辽宁发现的一组鹦鹉嘴龙化石中，包括一个成年鹦鹉嘴龙以及 34 只未成年鹦鹉嘴龙遗骸，说明鹦鹉嘴龙妈妈一直在照顾自己的孩子们成长。

白垩纪有一种鸭嘴龙叫慈母龙，会像鸟类一样产蛋、孵蛋。如果它需要进食，还会"拜托"其他恐龙看护恐龙蛋。恐龙宝宝出生后，慈母龙便会照顾、抚养它们长大。

93

恐龙的食物

　　我们人类需要一日三餐，恐龙也需要吃东西来维持生命。可是恐龙会吃什么呢？想要知道这个问题的答案，那就要求助于化石了。

　　恐龙化石里有时会藏着还没来得及消化的"最后晚餐"。古生物学家曾在鸟脚类恐龙埃德蒙顿龙的胃里发现了松子、树皮和松针的碎片。

　　粪便化石中含有食物的碎片和残渣，古生物学家可以从粪便化石中了解到很久以前那些制造粪便的、已灭绝动物的大量信息。

恐龙食物

恐龙粪便化石

恐龙也需"健胃消食片"

古生物学家经常会在恐龙化石骨架的胃部区域或埋藏恐龙化石的岩层中发现磨圆度极高的小石子，这些石子显然并不是恐龙的食物，那么恐龙为什么要吞下这些石头呢？

多数情况下吃石头的恐龙都是蜥脚类恐龙。由于它们体形庞大，为了获得能量，几乎一天到晚都在进食。但是，这些恐龙没有用于咀嚼的臼齿，吃进去的植物很难消化。所以，大恐龙就会吃下石子，帮助胃磨碎食物。时间一长，这些胃石就变成了恐龙的"健胃消食片"。

恐龙中也有游泳高手

在现生爬行动物中，乌龟和鳄鱼都是游泳高手。人们不禁会问，爬行动物中最厉害的恐龙会不会游泳呢？古生物学家认为，一些恐龙可能会游泳，虽然姿势可能不太好看，但它们确实会游泳。所以我们也许可以大胆猜想，有的恐龙是"游泳高手"，有的是"游泳菜鸟"。

恐龙是陆地动物，为什么要游泳呢？其实，根据现代生物的习性可以推测，恐龙游泳的目的可能是为了寻找水中的食物、躲避捕食者、给身体降温，还有的也许是要向对岸迁徙。

棘龙可能天生就是水陆两栖恐龙。它们体形很大，鼻孔位置偏上，可以边游泳边呼吸，扁平的大脚、长长的前肢非常适合划水，它们甚至能控制自己在水中的沉浮。

有的古生物学家认为，蜥脚类恐龙为了躲避敌人，会进入水中，让水托起笨重的身体。它们游泳时可能会采取前脚迈进、后脚蹬水的方式。

鸭嘴龙尾巴扁平，依靠尾巴摆动，可以在水里游得很快。

恐龙也会生病

　　人和动物，甚至植物都会生病。那么，生活在中生代的恐龙会不会生病呢？答案是肯定的。

　　在美国蒙大拿州出土的一具恐龙化石中，古生物学家发现了脑部肿瘤，肿瘤很大，占据了这只恐龙大脑的大部分空间，影响了它的平衡和运动能力，甚至可能导致了它的死亡。

　　古生物学家还曾在鸭嘴龙前肢化石上发现有伤痕和感染的痕迹。据推测，这只鸭嘴龙可能受伤感染后患上了关节炎，不久就死于饥饿和病痛。

恐龙的寿命

在现生动物中，爬行动物的寿命较长，有些龟类可达 200 岁以上，鳄鱼也可以达到 100 多岁，那么同为爬行动物的恐龙，寿命会有多长呢？

有的古生物学家推测，植食恐龙的寿命在百岁以上，甚至超过 200 岁。但是，植食恐龙恐怕很少能活到自然死亡，疾病、天敌、自然灾害都有可能夺取它们的生命。

恐龙为什么会生病？古生物学家认为环境、受伤、基因等都可能是恐龙患病的诱因。

独居和群居

在现生动物当中，有的喜欢群居，有的喜欢独行。其中，群居的好处多多，比如说更好地保护群体，更容易寻找到食物。其实，中生代的恐龙也是如此，有的是群体生活，有的是独行侠。

古生物学家们根据化石确定许多植食性恐龙，如蜥脚类、鸟脚类、甲龙类、角龙类和肿头龙类，都习惯于过群居生活，因为它们能靠群体的力量来抵御肉食恐龙的袭击。

当然，有些肉食恐龙也过着群居生活，比如恐爪龙、伶盗龙等，它们的个头不大，所以喜欢几十只生活在一起，依靠群体的力量围猎比自己大的动物，就像现代的狼群一样。

像暴龙、异特龙、棘龙之类的大型食肉恐龙，它们基本不会过群居生活。这是因为它们的体形很大，可以独自捕杀猎物。

多种多样的交流方式

　　自然界存在着千奇百怪的沟通方式，人类通过语言交流，蚂蚁和蝴蝶通过触角传递信息，蜜蜂通过舞蹈沟通交流，那么，恐龙会通过什么方式进行交流呢？经过古生物学家研究，恐龙可以借助声音、肢体语言、身体颜色等向同伴传达信息，进行沟通交流。

蚂蚁和蝴蝶通过触角传递信息

　　古生物学家研究认为，恐龙可能发出咯咯、咕噜等声音来召唤同伴，提示危险或者吸引异性。鸭嘴龙家族的埃德蒙顿龙可以通过鼻子的气囊发出很大的声音；副栉龙也可以通过头冠发出急促的声音。

肢体接触也是一种重要的交流方式。古生物学家研究后发现，一些现生爬行动物的鼻子和脖子上都长有感觉外界信息的细胞，可以通过摩擦感知对方。有些恐龙可能也是如此，会相互摩擦身体与同伴沟通。

通过恐龙头骨看出它们的鼻孔很发达

视觉交流也是一个非常重要的沟通方式。雄性恐龙会用鲜艳的颜色吸引异性，比如似鹈鹕龙有一个类似鹈鹕的囊袋。交配季节来临时，雄性的囊袋会变得异常鲜艳，从而来吸引异性。

恐龙化石探秘

如今提起恐龙，几乎是无人不知无人不晓。但是，你知道吗？在 19 世纪之前，人们压根儿没听说过恐龙这种生物。现在，人们对恐龙的认知都来源于化石。当然，这其中少不了围着化石埋头研究的古生物学家。

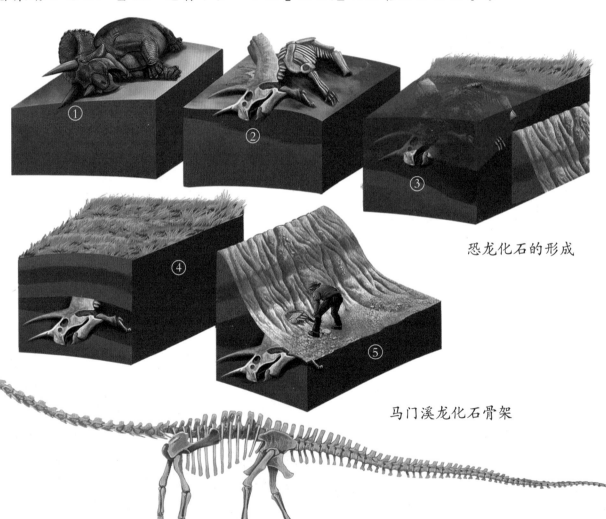

恐龙化石的形成

马门溪龙化石骨架

恐龙化石

有些恐龙死后会被河流或湖泊中的泥土等颗粒物覆盖和掩埋，泥土里含有细小的颗粒，在恐龙表面形成一层覆盖物，可以保护恐龙免遭食腐动物的侵扰、隔绝空气，为化石的形成创造绝佳条件。

随着时间的推移，恐龙的皮肤和肌肉开始腐烂，层层的沉积物包围着恐龙的骨骼和牙齿。骨骼和牙齿在沉积物的包围中重新分解、结晶，慢慢石化。千万年以后，历经沧海桑田，恐龙身体坚硬的部分如骨骼和牙齿就会形成化石。

恐龙化石的分类

恐龙化石根据保存特点可大致分为四类：实体化石、模铸化石、遗迹化石和化学化石，这也是化石常见的四种类型。

模铸化石是生物遗体在地层中或四周围岩中留下的印模。

遗迹化石是保留在岩层中的古生物痕迹和遗物，例如恐龙的足迹、爪痕、蛋化石等。

实体化石指古生物遗体本身全部或部分保存下来的化石，比如古生物的骨骼、牙齿、甲壳等。

化学化石是指古代生物的遗体未保存下来，但组成生物的有机成分经分解后形成的各种有机物仍保留在岩层中，具有一定的化学分子结构，可以为古生物学家提供一些信息。中华龙鸟的化石中保存了羽毛的"黑素体"成分，能反映羽毛的颜色，正是通过研究它的结构，古生物学家们发现了中华龙鸟是长着不同颜色羽毛的带羽恐龙。

还有一种特殊的化石叫琥珀。松柏类植物分泌出的树脂黏性强、浓度高，经过几千万年甚至上亿年的地质作用，会形成琥珀。

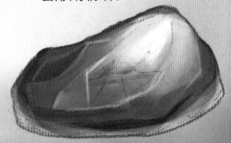

琥珀

化石保留了一些羽毛特征

恐龙化石猎人

　　发现恐龙化石的人被我们称为"化石猎人"。19 世纪，英国的曼特尔夫妇发现了恐龙化石，并在之后一直不断搜寻恐龙化石，他们是最早期的"化石猎人"。

　　我国也有很厉害的"化石猎人"，如杨钟健院士就先后在四川、云南、新疆、甘肃、山东等地采集过恐龙化石，发现了举世闻名的禄丰龙、马门溪龙、青岛龙等，并开创了中国古脊椎动物学的研究领域。

恐龙化石 "藏宝地"

　　一些化石埋藏点是古生物学家的科研"乐园"，因为在这些地方往往保存有大量普通化石埋藏点所不能保存下来的生物细节、软体结构等，被古生物学家认为是"藏宝地"。下面一起看看世界上那些著名的恐龙化石"藏宝地"吧。

　　德国巴伐利亚的索伦霍芬灰岩中埋藏了大量侏罗纪晚期的脊椎动物（如鱼龙、翼龙）、无脊椎动物（如鲎、环状蠕虫）、陆生植物（如鳞皮木）和原生生物的精细结构，但这里最出名的化石是始祖鸟和美颌龙化石。

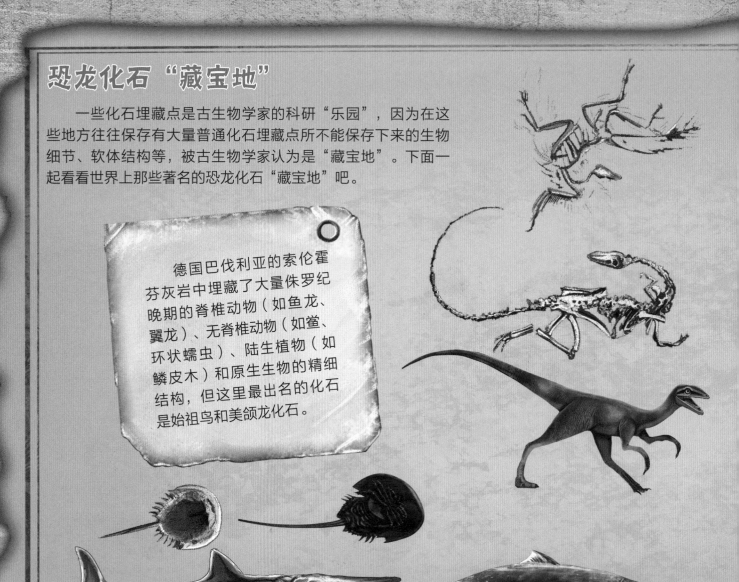

火焰崖，位于蒙古国的
戈壁沙漠。20 世纪 20 年代，
在火焰崖发现的包含了完整
无损恐龙胚胎的恐龙蛋化石
震惊了世界。火焰崖还保存
了白垩纪晚期的脊椎动物化
石，包括原角龙、窃蛋龙等。

111

塔兰穆帕亚自然公园位于阿根廷中部，这里有已知年代最早的恐龙遗骸，拥有完整的陆地化石记录，著名成员有始盗龙和埃雷拉龙。

热河生物群是距今 1.3 亿年的白垩纪早期，生活在现今亚洲东北地区的一个古老生物群，以中国辽西义县、北票、凌源等地区为主要产地。热河生物群中带羽毛的小型兽脚类恐龙，为鸟类起源和羽毛早期演化提供了化石证据。

云南禄丰是拥有世界上较丰富的侏罗纪早期恐龙动物群的地区，发掘出各类恐龙骨骼化石、恐龙胚胎化石、恐龙遗迹化石以及众多鳄类、似哺乳爬行动物和早期哺乳动物等的化石。

恐龙"木乃伊"

　　恐龙"木乃伊"指的是保存有恐龙皮肤、肌肉等软组织的恐龙化石。这些恐龙尸体被埋藏在极低温、极干旱、盐度极高或酸性环境中，奇迹般地保存了恐龙部分器官、肝脏或肌肉的痕迹。

　　1908 年，查尔斯·斯腾伯格和他的儿子们发现了第一具埃德蒙顿龙木乃伊。这具木乃伊当时被命名为"糙齿龙木乃伊"，上面保留了恐龙的皮肤和肌肉。

　　2008 年，在我国辽宁发现了一具鹦鹉嘴龙木乃伊，木乃伊约半米长，在胸部和尾部已经石化的皮肤印痕清晰可见。

恐龙公墓

恐龙公墓是指地层中发现大量恐龙遗骸集中埋藏在一起，人们把集中埋藏恐龙的地方称为"恐龙公墓"。恐龙公墓中常保存有完整的化石骨骼，是恐龙时代留给今天很有价值的"自然遗产"。

中国自贡大山铺恐龙化石群遗址位于四川省自贡市，是我国最重要的恐龙化石埋藏地，也是世界上重要的古生物化石埋藏地之一。

美国犹他州恐龙公园是世界上唯一可以将 1500 具恐龙骨骼尽收眼底的地方，在那里发现了雷龙、梁龙、剑龙、异特龙等恐龙"明星"。

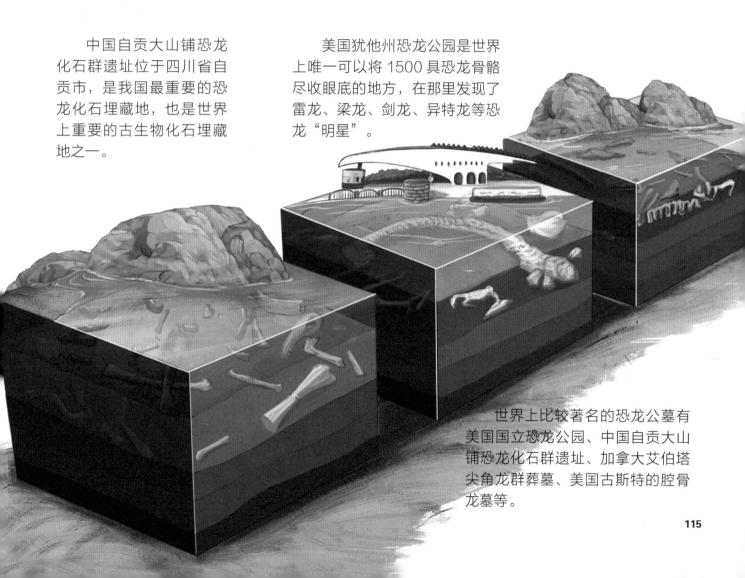

世界上比较著名的恐龙公墓有美国国立恐龙公园、中国自贡大山铺恐龙化石群遗址、加拿大艾伯塔尖角龙群葬墓、美国古斯特的腔骨龙墓等。

挖掘恐龙化石

如果在一个地方发现了恐龙化石，那应该怎样把它们挖掘出来呢？恐龙化石是一种很珍贵的自然遗产，因此我们要好好保护它们。

埋藏恐龙化石的地层

只有拥有丰富的地质学知识、古生物学知识，并进行充分的准备工作，才能开始进行真正的野外挖掘工作。

首先要进行小规模的试挖掘，为大规模挖掘做准备。如果确定这里有恐龙化石，那就要进行大规模挖掘了，在挖掘的同时还要做好视频和文字记录工作。

挖掘化石时首先准备好各种各样的挖掘工具。接着对恐龙化石旁的风化层进行清理。如果周围泥土比较松软，可以用刷子一点一点把化石上的泥土去掉。

有时候也可以使用一些化学药剂除去化石周围的岩石。清理时要注意有没有零星的骨骼碎片，若有应做好记录。对于小的恐龙骨骼化石，直接用纸和纱布包好。

化石被发掘前埋藏在岩石中

揭开岩层化石暴露后，进行打胶、敷纸

蘸水敷上的麻纸片

待纸干燥后在其上覆盖麻袋片和石膏糊

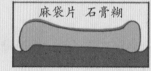

麻袋片 石膏糊

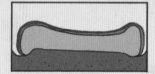

翻转的石膏托

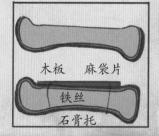

木板 麻袋片

铁丝

石膏托

体积较大的骨骼化石，采用"皮克劳"打包法把化石打包取出。在野外浇注石膏包，把化石包在已经定型的石膏壳里，就可以随时搬运甚至异地运输。如果是更大型恐龙的骨骼化石，还需要借助木板套箱来加固，保证运输途中不会被损坏。

117

重现和修复恐龙化石

我们在博物馆中常会看到很多活灵活现的、完整的恐龙骨架化石。其实，这是经过专业的工作人员修复后才呈现出来的样子。

想要重现某只恐龙，首先要弄清楚化石属于哪一类，是什么部位以及化石该怎么关联到一起。

在做好记录、补完缺失部位后，专业人员还需要进行复杂的复制、组装工作，让恐龙站起来。

记录已有的化石

修复骨骼

在骨骼基础上修复肌肉组织

加上皮肤

118

给恐龙起名

每个人都有属于自己的姓名，每一种恐龙也有专属于自己的名字。现在我们能够叫得上名的恐龙已经有很多种，如寐龙、窃蛋龙、雷龙等。我们不免会想，它们这些千奇百怪的名字从何而来呢？

恐龙的名字常常跟它们的外形特征有关。鹦鹉嘴龙的嘴巴像现在鹦鹉的喙，甲龙像穿着铠甲一样……有些恐龙的名字还与它们的生活习性、化石发现地以及化石发现者、研究者有关。

古生物学家发现新的化石时，在对比、查阅文献后，如果认为是以前没有发现过的，可以在命名时订立新科、新属、新种，甚至更高级的分类阶元。所有首次被命名的恐龙，都必须经过详细描述写成论文，并公开发表。

鹦鹉嘴龙

恐龙之最探秘

想要给出"恐龙之最"的排行是非常不容易的，因为恐龙距离我们的时代太过久远，只留下埋藏在地下的化石。随着化石不断被发现，恐龙的信息也不断被更新着。所以，与其说是列举"恐龙之最"，不如说是"恐龙之最候选者"。

最大的恐龙

很多蜥脚类恐龙都是大个子，那么，在这些大个子中，谁才是最大的恐龙呢？

腕龙虽然不是最大的恐龙，可是它的体形在蜥脚类恐龙中也算是名列前茅的了。

阿根廷龙身长 30 ~ 45 米，体重 80 ~ 100 吨。它的一根脊椎骨就有 1.5 米高，是最大恐龙的有力竞争者。

脖子最长的恐龙

如果说恐龙之中谁的脖子最长，那么相信很多人会想到马门溪龙。马门溪龙的脖子是由长长的、相互挤压在一起的19块颈椎骨支撑，脖子上的肌肉也相当强壮。

马门溪龙每天都要补充大量的食物。在取食树木顶端的树叶时，长长的脖子正好能派上用场。

合川马门溪龙骨骼

合川马门溪龙是马门溪龙家族的一员，它的脖子可达12.1米，是目前世界上已知的脖子最长的动物！

121

爪子最长的恐龙

　　镰刀龙生活在白垩纪晚期，是一种外形奇特的恐龙。镰刀龙的前肢很长，长着镰刀般的巨爪，是目前爪子最长的恐龙。

　　根据古生物学家推测，镰刀龙的巨大爪子就是它们的武器。一旦遇到敌人，它们就会向敌人展示它们巨大而恐怖的爪子，威胁和恐吓敌人。也有人认为，镰刀龙会用它们的上肢和锐利指爪抓取树上的食物。

镰刀龙指爪

最聪明的恐龙

伤齿龙生活在白垩纪晚期，最初是因为它尖锐的牙齿而得名。开始人们认为它是一种蜥蜴，然后又把它当作一种长相呆笨的恐龙，后来才发现这些认识和理解几乎全是错误的。

就身体和大脑的比例来看，伤齿龙大脑所占身体的比例是恐龙中最大的，所以被认为是最聪明的恐龙。

伤齿龙不仅脑子好使，眼神也很好，可以在昏暗的光线下看清猎物，并发动突然袭击。

123

跑得最快的恐龙

　　如果中生代的恐龙世界举行一次运动会，似鸵龙和食肉牛龙应该是赛跑项目夺冠的大热门。

　　似鸵龙拥有健壮的体魄和强壮的双腿，奔跑速度几乎可以和公路上的汽车相比。如果大型肉食恐龙来犯，似鸵龙会立刻逃之夭夭，把敌人远远甩在身后。

　　食肉牛龙后腿粗壮，奔跑速度约每小时60千米，堪称"白垩纪的猎豹"。

最擅长挖洞的恐龙

一般的恐龙都是露天筑巢，最多找棵大树躲避风雨。而有一种恐龙特别聪明，居然挖出洞穴供自己休息和看护宝宝，它们就是大名鼎鼎的掘奔龙。

掘奔龙是一种行动敏捷的小型恐龙，也是第一个发现有穴居生活证据的恐龙。

掘奔龙的尾巴柔软，适合穴居。它们的前肢简直就是小型挖掘机，能挖掘出洞道倾斜蜿蜒的地洞。古生物学家发现，掘奔龙的前肢在吃东西的时候还可以当"手"用。

最漂亮的恐龙

　　我们对恐龙外表的概念来源于古生物学家们在化石基础上的"再创造"，有一定的不确定因素存在，毕竟没有人亲眼见过亿万年前的恐龙长什么样子。这里只能提供一个"漂亮恐龙"的候选名单，这个名单并不权威，读者朋友们可以按照自己的想法来进行评判。

　　冠龙的皮肤上有艳丽的斑块，头顶还有一个金色的骨冠，看起来漂亮又气派。

扇冠大天鹅龙头上长着一个漂亮的头冠，就像一把折扇，这是扇冠大天鹅龙的标志性特点。

127

牙齿最多的恐龙

牙齿最多的恐龙是鸭嘴龙，它们的头骨前部和下颚都很宽，形状像扁阔的"鸭嘴"，它们属于鸟脚类，是植食恐龙的一种。

鸭嘴龙的牙齿有成百上千颗，密密麻麻地排列成一个大磨场，能把植物的树叶、果实磨得粉碎。

鸭嘴龙的牙齿一旦磨损脱落，新的牙齿很快就会替补上。

最擅干捉鱼的恐龙

　　有一种恐龙可能生活在河岸边，喜欢吃鱼，是出色的捕猎手。它们就是生活在白垩纪早期的重爪龙。

　　重爪龙是古生物学家发现的第一种确定吃鱼的恐龙，在它的化石的胃部曾经找到了大型鳞齿鱼的鳞片化石。重爪龙的头特别像鳄鱼的头，嘴巴突出，里面布满尖锐细密的牙齿。

　　重爪龙的爪子尖锐弯曲，有点类似现在捕鱼用的大鱼钩。看到鱼时，重爪龙会等鱼靠近后，再迅速地用大爪子一把将鱼捉出水面，最后慢慢享用。

129

身怀秘籍的恐龙

众所周知，恐龙家族十分庞大，有许多成员。这些成员有的"武功"高强，有的"配备"着秘密"武器"，还有的以独特的外表闻名于世。

霸王龙块头很大，食量惊人。为了生存，它需要花费很多力气去追捕猎物。可不是每次捕猎都一定能成功，因此霸王龙偶尔也会吃些腐肉。特别是当霸王龙年老体衰或病痛缠身的时候，腐肉就成了它的救命饭食。

吃腐肉的霸王龙

霸王龙拥有问鼎"恐龙王"的实力，它的牙齿像弯曲的匕首，粗壮又锋利，能轻易将猎物的骨头咬碎。可是，你相信吗？就是这样一位王者，竟然也会吃腐肉。

阿马加龙的棘刺

阿马加龙是一种蜥脚类恐龙，生活在白垩纪早期，分布在现代的南美洲。阿马加龙的模样很奇怪，它从颈部到尾部长着神经棘。其中，颈部到背部的神经棘很高，棘刺之间有皮膜连接，如同风帆一般。

阿马加龙身上的帆状物很脆弱，根本不能作为武器。有人认为，长棘可以用来调节阿马加龙的体温；还有人认为长棘是区别雌雄的标志；也有人推测这些长棘的用途是为了迷惑肉食恐龙，让它们认为阿马加龙很威猛，不适合捕杀。

暴龙科有可能长着羽毛

在人们的认知里，长着羽毛的恐龙都是一些小恐龙，而古生物学家在中国辽宁省西部发现的一种暴龙科恐龙的化石，经过研究发现它居然浑身长着华丽的羽毛，这让人们大吃一惊。

这种浑身长着羽毛的恐龙叫华丽羽王龙，体长约 8 米，体形比霸王龙小很多，但是仍然有和霸王龙一样沉重的头部、短短的前肢和强壮的后肢，是如假包换的暴龙家族的一员。

华丽羽王龙身体上覆盖着漂亮的丝状物。这种羽毛并不具备飞行能力，古生物学家推测，它的羽毛可能是用来保温或者吸引异性的。

华丽羽王龙

耀龙的羽毛

随着越来越多带羽恐龙化石被挖掘发现，耀龙凭借其漂亮的羽毛走进了人们的视野中。

耀龙身长约 40 厘米，大小就像鸽子一样。它们的眼睛很大，四肢修长，长着锋利的爪子。这可以帮助耀龙迅速捕捉猎物。

耀龙全身布满羽毛，再配合它们娇小的体形，很容易让人误认为是原始的鸟类。但实际上，耀龙是不能飞行的。

肿头龙的"铁头功"

肿头龙生活在白垩纪晚期，是一类不挑食什么都能吃的恐龙。它们的绝技是"铁头功"，武器就是那厚厚的头骨。

肿头龙厚实的头骨

肿头龙脑袋上的肿包让它看上去滑稽又古怪。其实那并不是什么肿包，而是头部骨骼。肿头龙的头骨厚度达 25 厘米，看上去如同戴了一顶高高的帽子。

肿头龙可能喜欢过群体生活。它们通过撞头游戏来玩闹或确定领袖。如果遇到危险，肿头龙会用"铁头"吓唬对手或撞击对方。

棘龙的"风帆"

人们常常用"一帆风顺"作为祝福语，而有一种恐龙天生背上就背着巨大的帆，它们就是棘龙。棘龙生活在白垩纪早期，主要分布在现在的非洲，是当时的顶级掠食者。

棘龙的背部长着明显的长棘，长棘间应有皮肤连结，形成巨大的帆状物。"棘龙"这个名称，也是由此而来。不过这个帆状物到底是做什么用的，至今没有确切答案。

棘龙的前肢长有利爪，后肢十分强壮，牙齿尖锐而弯曲，和鳄鱼的牙齿很相似。它们可以涉水，然后用尖爪捕鱼。

135

禽龙的大拇指

我们人类的拇指灵活有力，能帮助其他手指准确抓握，制造和使用工具。而在恐龙家族中，有一种恐龙也拥有神奇的拇指，能够在和其他恐龙近身搏斗时当作武器来使用，它们就是禽龙。

禽龙具有很特别的五指型的手，其大拇指非常尖锐，是禽龙的主要武器。中间的三指并拢在一起，有点像蹄状爪子，最后的第五指比较小，但是能够像我们人类的小指一样弯曲。这样的手相当适用于抓握物体。

蜀龙的尾锤

蜀龙生活在侏罗纪时期，主要分布在中国四川。在诸多的蜥脚类恐龙中，蜀龙不是个头最大的，也不是最有名的，但是它仍然给人留下了深刻的印象，因为在它的尾巴后面长着一个大大的尾锤。

蜀龙尾巴上最后几个尾椎逐渐膨大形成骨质尾锤，就像武侠片里的流星锤一样。当肉食恐龙侵犯蜀龙的时候，蜀龙就会挥舞尾锤将它们砸得头昏眼花，落荒而逃。

迷你版的蜥脚类恐龙

提起蜥脚类恐龙，很多人一下子就会想到一个个庞然大物，比如梁龙、雷龙等，其实蜥脚类恐龙里也有"小个子"，那就是恐龙家族的新星——欧罗巴龙。

欧罗巴龙身长为 1.5 ~ 6.2 米，相比动不动就 20 多米长的巨大蜥脚类恐龙，它们可以被称为"迷你恐龙"。

梁龙的天敌

梁龙的身体庞大，一般没有恐龙敢去招惹它们。有一种恐龙个头没有梁龙大，但却十分喜欢攻击梁龙，这种恐龙就是异特龙。

异特龙后肢粗壮，指爪锋利，非常凶狠残暴。年轻时，它们身强体壮，可以尽全力去追捕猎物。上了年纪以后，它们便会改变捕食策略，隐藏起来等待时机伏击目标。

面对梁龙这种巨无霸恐龙，异特龙也毫不畏惧。当梁龙群走过时，异特龙会突然跳出来恐吓梁龙，然后趁机选一只体弱的梁龙作为自己的捕食目标。

副栉龙的头冠

副栉龙生活在白垩纪晚期，属于鸭嘴龙科的一种，化石发现于美国、加拿大等地。最初，古生物学家发现副栉龙化石的时候，认为它们的外形特征和栉龙很相似，于是将它们命名为"副栉龙"。

副栉龙身躯庞大，肩部宽阔，肌肉发达，能轻松推开阻挡自己前进的障碍物，是名副其实的大力士。

副栉龙头顶长着大大的管状头冠，看上去像把号角。成年雄性的头冠要大于成年雌性或者幼龙的。它们的头冠是空心的，可以发出低沉的声音，当遇到危险时，副栉龙会吹响"号角"，提醒同伴迅速逃离。

戟龙的颈盾

戟龙是一种植食性恐龙，生活在白垩纪晚期。戟龙性格比较温顺，但是却没有多少肉食性恐龙敢招惹它们。因为戟龙既有"矛"，又有"盾"。

戟龙头骨

戟龙的颈部挂着一个厚实的"颈盾"，颈盾上长着尖刺，可以将头部保护起来。尽管如此，戟龙不会轻易参加战斗，更多时候会虚张声势地展示武器，吓唬敌人。也有科学家认为，戟龙的颈盾可能是用来吸引异性的。

戟龙鼻子上方长着一只巨大的尖角，这只尖角能刺穿肉食性恐龙的皮肉，是戟龙重要的攻击和防御武器。

141

双嵴龙的头饰

双嵴龙生活在侏罗纪早期，主要分布在美国，在我国云南也有发现，是一种凶恶的食肉恐龙，也是早期的大型肉食性恐龙。

双嵴龙最引人注目的地方是其头顶上长着两片大大的骨质头冠，所以也被称为双冠龙。

双嵴龙骨质冠的形状呈半月形，但结构非常脆弱，不太适合当武器，因此古生物学家推测它只是一种吸引异性注意的饰品。

恐爪龙的利爪

恐爪龙虽然体形不大，但性情凶悍，攻击力很强，足上的利爪十分具有杀伤力，是许多植食恐龙不想遇到的凶猛掠食者。

恐爪龙后肢的第二趾上长有一只巨大的尖爪，长度超过10厘米，就像一把镰刀，十分吓人，这是恐爪龙攻击时用的主要武器。

恐爪龙虽然有武器傍身，可单打独斗时并不占优势。为了保证狩猎的成功率，恐爪龙会像现代的野狼一样集体行动。一旦发现目标，它们就会一拥而上，倚仗灵巧的动作、迅捷的速度相互配合，捕杀猎物。

包头龙的铠甲

包头龙是植食恐龙，生活在白垩纪晚期。和一般植食恐龙不同，成年的包头龙一般是单独行动，不会群居，是森林孤独的行动者。

包头龙很像穿着厚厚铠甲的"将军"，从头到尾都覆盖着相互交错的防护骨板。除了身体，头部也被厚厚的甲片包裹，甚至眼睑上都有甲片。铠甲上还有尖利的骨刺，像一把把小匕首，全方位地保护着包头龙的身体。

包头龙的尾巴像一根坚实的棍子，尾部还有沉重的尾锤。遇到食肉恐龙的袭击时，它们会奋力挥动尾巴，用力抽打袭击者。

冰脊龙的头冠很时髦

冰脊龙生活在侏罗纪早期，是唯一在南极洲发现的兽脚类恐龙。虽然当时的南极洲比现在暖和，但冬天还是十分寒冷。冰脊龙是一直都生活在南极洲，或只有夏天才迁徙到那里，至今还是一个谜。

冰脊龙的头冠特别奇特，它长在脑袋上方，表面布满褶皱。不过，这个头冠非常薄，不适于捕猎或者打斗。古生物学家推测，它可能是吸引异性或者是表明年龄的标志，也许像变色龙一样会变色。

"会飞"的小盗龙

我们都知道鸟类会飞翔，其实恐龙家族也有会飞的成员。它们就是白垩纪早期的"四翼精灵"——小盗龙。

小盗龙是在中国辽宁省发现的小型驰龙科恐龙。它身长不足1米，因为前肢和后肢都长有羽毛看上去像长着四只翅膀的鸟。小盗龙可能不会像鸟类一样振动翅膀飞行，而是依靠长着羽毛的四肢在空中滑翔。长长的尾巴有助于滑翔时控制方向和掌握平衡。

小盗龙是一种食肉恐龙，嘴里长满弯曲的牙齿。它们有可能像鸟儿一样在树上栖息，当小盗龙需要寻找食物时，才会从树上滑翔到地面捕捉猎物。

能分泌毒液的恐龙

现生很多动物的攻击手段是使用毒素。但是，你知道吗？生活在中生代的一种恐龙居然也能分泌毒液。这种恐龙的名字叫"中国鸟龙"。

古生物学家发现，中国鸟龙的化石上有一道和牙齿相连的沟槽。他们猜测，中国鸟龙很可能像毒蛇一样长有毒牙，并用于捕捉猎物。如果与现代的动物相比，中国鸟龙的毒牙与非洲树蛇的毒牙应该很接近。

中国鸟龙的皮肤上长满羽毛，与鸟类的关系密切。人们认为它是恐龙进化到鸟类的中间类型。中国鸟龙体长约 1 米，是很轻巧的食肉恐龙。

147

恐龙灭绝探秘

在三叠纪晚期，恐龙登上地球舞台，6600万年前的白垩纪末期，由于一次意外事件，恐龙在地球上消失了，它们统治了世界长达1.6亿年之久。那么，都有哪些恐龙见证了这次灭绝呢？

应该说，那些一直顽强地生活到了6600万年前的恐龙都是最后灭绝的恐龙。植食性恐龙有三角龙、肿头龙等，肉食性恐龙有暴龙、伤齿龙和胜王龙等，很多杂食性恐龙也在其中。这些恐龙都是这次大灭绝事件的见证者。

小行星撞击说

在中生代，恐龙主宰着整个世界。可是不知为什么，在6600万年前的白垩纪末期，恐龙竟然全部消失了。这是生物进化史上较离奇的案件之一，为此科学家们提出了很多假说，其中最让人信服的就是小行星撞击说。

10 千米

在白垩纪末期，有一颗直径大约10千米的小行星，突然猛烈地撞向现在的墨西哥尤卡坦半岛。在此之前，恐龙们并没有意识到这颗流星会给它们带来厄运。

尤卡坦

北美洲

南美洲

南极洲

撞击发生后，很多恐龙死于高温炙烤。很快，火山频频爆发，到处都弥漫着铺天盖地的灰尘，整个地球陷入漫长的黑暗之中。紧随其后，植物因光合作用停止而枯萎，植食恐龙因此纷纷死去。肉食恐龙的免费大餐吃完后，它们不得不自相残杀，很快也灭绝了。

火山喷发说

　　说到恐龙灭绝的原因，有人认为大规模的火山喷发才是导致恐龙灭绝的主要元凶。

　　白垩纪末期，地壳运动非常剧烈，出现了大规模、持续性的火山喷发。火山喷发会产生一系列的有害物质。不仅如此，火山喷发还会引发地震、海啸等次生灾害。对此恐龙毫无抵抗能力，最后只能变成了"恐龙烧烤套餐"。

　　火山持续喷发产生了大量的二氧化碳，让地球变得和蒸笼一样。在这种环境下，动植物难以生存，恐龙身体机能发生紊乱，最终走向灭绝。

被植物毒死说

还有人认为，火山喷发和小行星撞击地球都不是恐龙灭绝的原因，恐龙最有可能是死于"中毒"。

白垩纪末期，地球上出现了大量的被子植物。这些植物出于自保，自身会产生一些有毒的生物碱，如尼古丁、吗啡、番木碱等。植食恐龙吞入这些植物，也就相当于吞下了"毒药"，在食物链的作用下，肉食恐龙也间接中毒。如此恶性循环，最后整个种群都消失了。

大气变冷说

　　有人又提出了另外一种说法：是气候变冷导致恐龙灭绝。

　　中生代时，气候温暖湿润，地球上到处都是郁郁葱葱的植物，足以让恐龙家族异常庞大。可是到了白垩纪末期，大气环境突然发生了巨变，此时云层增厚，降雨频繁，气温急剧下降。

　　天气忽冷忽热，在这种情况下，恐龙的身体很容易得病。于是疾病很快蔓延，恐龙之间相互传染，最后种群灭绝了。

海啸加速灭亡说

海啸一般是由海底地震、火山爆发或海底滑坡引起的具有破坏性的海浪。时速可达 700 ~ 800 千米，比高铁速度还要快。

有科学家认为，在 6600 万年前，发生过一场巨大的海啸。这场海啸形成了几百米高的巨浪，致使堤岸被毁、陆地被淹，把恐龙这种庞然大物消灭殆尽。不过这种假说没有确凿的证据，还需要进一步商榷。

超新星爆发说

　　一些科学家认为，太阳系附近的一颗超新星爆发导致了恐龙的灭绝。科学家们推算，在白垩纪末期，一颗非常罕见的超新星在距太阳系仅 32 光年的地方爆发。爆发释放出的巨大能量和宇宙射线向外发散，包括地球在内的整个太阳系都未能幸免于难。强烈的辐射把地球的臭氧层和电磁层完全摧毁了，地球上大多数生物都没能躲过这祸事。在宇宙射线的侵蚀下，庞大的恐龙几乎完全丧失了自我防御能力，而那些躲在洞穴或地下的小型爬行动物和哺乳动物，作为幸存者存活了下来。

胎死蛋中说

有关恐龙灭绝，还流行着恐龙是死于窝内的假说。这种理论认为，恐龙灭绝是由于大量的恐龙蛋未能正常孵化所致。

有些科学家认为火山活动把深藏于地心的硒元素释放出来，过量的硒元素影响恐龙后代繁殖，让它们无法孵化出来。

另一种说法认为，白垩纪末期，地球进入了冰河时期，天气异常寒冷，很多恐龙蛋都无法孵化，最终导致了恐龙灭绝。

155

放屁灭绝说

在所有恐龙灭绝假说里，最有趣的莫过于放屁假说。

一些古生物学家认为，恐龙是被自己的屁害死的。大型植食性恐龙吞食了大量的植物，活跃在恐龙内脏中的微生物造成恐龙的胃内生成甲烷、二氧化碳，这些温室气体被释放到空气中，很可能导致当时气候变暖。气候变化酿成巨大的自然灾难，导致恐龙最终走向灭绝。

第四章

恐龙的远亲近邻

中生代时，陆地的话语权牢牢掌握在恐龙家族手中，而天空和海洋则被恐龙的"远亲近邻们"占据着。这些远亲近邻都是谁？答案马上揭晓！

恐龙阴影之下的兽族

在中生代恐龙称霸的地球上，绝大多数哺乳动物体形都很小，有些就和现在的老鼠差不多大小，出于对恐龙这个"庞然大物"的恐惧，哺乳动物昼伏夜出，在恐龙的阴影下苦苦求生。

中华侏罗兽生活在侏罗纪中期，以昆虫为食。具有很强的攀爬能力，如果遇到天敌，能够迅速爬到树上避难。

巨颅兽是非常古老的哺乳动物，生活在侏罗纪早期。个头非常非常小。它们全身长着短毛，食物是小昆虫。为了躲避恐龙的袭击，巨颅兽白天休息，晚上觅食，练就出极好的视力。

金氏热河兽体长 15 厘米左右，看起来像老鼠一样。其有进化程度较高的肩胛骨和锁骨，可以像现在的哺乳动物那样行走。

多瘤齿兽是生存时间最长的哺乳动物，大约出现在 1.7 亿年前，在 3500 万年前灭绝。在恐龙主宰的中生代，多瘤齿兽是当时地球上数量最多的哺乳动物。

硬齿鸭嘴兽生活在白垩纪晚期，是一种小型的哺乳类动物。身长有 40 ~ 50 厘米，以鱼类和甲壳类为食。

161

始祖鸟是龙还是鸟？

1861年，古生物学家在德国索伦霍芬发现了一块奇特的化石，它既有恐龙的众多特征，又有鸟类的特征，浑身长满漂亮的羽毛。因此，这种生物被认为是"最原始的古鸟类"，于是，古生物学家把它命名为始祖鸟。

始祖鸟头骨

始祖鸟翅膀

和现代鸟类不同，始祖鸟的尾椎骨上长着漂亮的羽毛。另外，它前肢的3块掌骨没有完全愈合成腕掌骨，指尖是爪。这表明它们仍然保留着爬行动物的某些特征。所以，古生物学家们经过研究认为，始祖鸟并不是真正的鸟，而是爬行动物到鸟类的中间过渡类型。

始祖鸟由于翅膀发育不完善，飞不高也飞不快。

始祖鸟全身骨骼

隐居森林翼龙和
麻雀对比

长颈鹿、人类和风神翼龙高度对比

翼龙不是会飞的恐龙

在电影《侏罗纪世界》里，地上到处跑着各种恐龙，天上到处飞着各种翼龙。于是有人认为，翼龙是会飞的恐龙。其实这样的理解是错误的。虽然翼龙和恐龙同属爬行动物，有共同的祖先，可翼龙最多只算是恐龙"亲戚"，它并不是恐龙。

翼龙没有羽毛，翅膀是一种翼膜。这种薄薄的翼膜从翼龙胸部一直延展到第四指上。翼龙曾经出没地球上所有大陆，进化出不同的形态，最大的风神翼龙翼展甚至有 18 米，最小的隐居森林翼龙则和麻雀差不多大小。

翼龙出现在三叠纪晚期，灭绝于 6600 万年前的白垩纪末期，是唯一发展出有强劲飞行能力的爬行动物。

163

翼龙大概可以分成两大类群，喙嘴龙类和翼手龙类。喙嘴龙类长着类似鸟喙的角质喙，上下颌一般都有牙齿，后肢的第五个脚趾较长，还长着一条长长的尾巴，尾巴末端还有一个钻石状的骨片。喙嘴龙类出现于三叠纪晚期，侏罗纪时期达到鼎盛，但在白垩纪早期就彻底灭绝了。沛温翼龙、双型齿翼龙、蓓天翼龙等都是喙嘴龙类家族的成员。

蓓天翼龙

双型齿翼龙

翼手龙类出现在侏罗纪晚期，并活跃于整个白垩纪。在白垩纪末期，它们和恐龙一起因为未知原因彻底灭绝了。

和喙嘴龙类不同，翼手龙类后肢的第五个脚趾退化或消失了，尾巴很短，翼掌骨明显加长，牙齿种类呈现多样化的趋势，有的牙齿种类完全退化消失，有的牙齿种类却多达上千个。翼手龙类主要包括准噶尔翼龙、夜翼龙、风神翼龙、神龙翼龙等。

准噶尔翼龙

现生鸟

中国鸟

孔子鸟

始祖鸟

原始鸟龙

尾羽龙

中华龙鸟

翼龙同期的鸟类

鸟类和恐龙关系非常密切，很多古生物学家认为，恐龙并没有灭绝，它们中的一支演化成了鸟类，至今还生存在地球上。

现在有很多证据证明，鸟类起源于中生代，最早的鸟类出现在侏罗纪晚期或白垩纪早期。一些小型兽脚类带羽恐龙为了躲避天敌或寻找食物，它们逐渐爬到树上生活，然后用滑翔的方式从树上降落到地面。后来经过长期不断进化，其前肢骨骼逐渐变成了能飞翔的鸟类翅膀。

孔子鸟化石是 1996 年从中国辽西北票发现的，年代为白垩纪早期。孔子鸟的体形不大，前肢没有完全进化成为翼翅，上面还保留有爪子。

与始祖鸟相比，孔子鸟多了一些现代鸟类的特征，如口中的牙齿已经退化，上下颌也变成了角质喙，胸骨出现了最初的突起，尾椎骨愈合成一根短短的尾综骨等。这些特征表明孔子鸟其实已经具备了一定的飞翔能力，而不是像始祖鸟那样只能滑翔。

孔子鸟化石

与海龟无缘的楯齿龙类

楯齿龙类生存于约 2.4 亿年前的三叠纪中期，在三叠纪晚期彻底灭绝。其化石发现于德国、法国、波兰、中国。

楯齿龙类的牙齿呈扁平的椭圆状，这些牙齿就像小磨盘，在强有力的肌肉带动下可以轻而易举地压碎软体动物的外壳，主要包括楯齿龙、砾甲龟龙、豆齿龙、中国豆齿龙、无齿龙等。

楯齿龙没有坚硬的外壳，身体两侧的粗壮肋骨以及身体上方的骨瘤突起，就是它们的"保护装置"。楯齿龙的四肢还没有长出鳍状肢，只能依靠脚蹼和尾巴摆动在水中游泳。

楯齿龙

提早 "出局" 的海龙类

中生代时，一些原本在陆地上生存的爬行动物放弃陆地的生活，重新回到海洋中。之后，它们逐渐演化成强大的海龙，并成为中生代海洋的统治者。初期海龙身体纤细修长，四肢粗壮，以捕猎鱼类和菊石等动物为生。它们大多数时间生活在海洋中，有可能会上岸产卵繁殖后代。

新铺龙

新铺龙的脖子比安顺龙的要短一些，脑袋呈三角形，四肢已经变成鳍状。

安顺龙的身体修长，四肢强壮，末端呈蹼状，可以协助游泳及调节方向。

安顺龙

贫齿龙脑袋呈三角形，尾巴非常长，四肢为蹼状肢。它游泳时会摆动身体，然后用四肢控制方向及辅助前进。

贫齿龙

169

和鳄鱼相似的离龙类

离龙类是一种半水生双弓类爬行动物，它们的样子和现生鳄鱼有些相似。鳄龙、满洲鳄、凌源潜龙等都是离龙类的成员。

鳄龙的头部细长，嘴里长满小而尖利的牙齿，可以咬碎贝类的外壳。在水中时，鳄龙可以摆动自己的身体前进，为了减小水中的阻力，它们会把四肢收起贴近身体。

满洲鳄的外形有点儿像蜥蜴，身体被瓦状的鳞片包裹着，四肢呈蹼状，末端还有趾爪。

捕食恐龙的海鳄类

在中生代，很多海洋爬行动物都有称霸海洋的梦想，其中包括海鳄。侏罗纪时期，鳄形类动物向着海洋、陆地攻城略地，迅速进化。它们中的一些尝试着进入海洋，渴望成为海洋的霸主，它们的身体逐渐进化成适合海洋生活的特征，成为海鳄。

地蜥鳄为了适应海洋环境，身上的鳞片已经进化成了光滑的皮肤，四肢变成了适合游泳的鳍状肢，尾巴变成和鱼儿一样的尾鳍。

暴泳鳄生活在侏罗纪时期，身体呈流线型，十分擅于游泳。口中长满锋利的牙齿，嘴巴可以张得很大，常以大型动物为食。

笑傲千万载的龟类

龟类刚开始只有腹甲没有背甲，为了抵御天敌，它们慢慢进化出背甲，在白垩纪末期，恐龙因未知原因彻底灭绝，龟类逃过一劫，一直生存到现在，并且身体结构几乎没有什么变化。中生代的龟类主要包括原颚龟、满洲龟等。

原鳄龟已经出现了龟类的大部分特征，全长90厘米，尾巴上有刺，但是原鳄龟不能像现代龟类一样把脖子、四肢缩回龟壳里。

满洲龟大约生活在 1.4 亿年前的白垩纪早期，体长只有30 厘米左右，外形和生活习惯近似于现在的龟。

胎生的恐头龙

恐头龙，这个名字是不是特别奇怪？有人肯定会联想到恐龙。其实恐头龙比恐龙更古老，它们是地地道道的海洋爬行动物。

恐头龙脖子非常长，可能会利用自己超长的脖子来寻找猎物。

恐头龙不直接产卵，而是把卵留在身体里孵化，直接在水中产崽。这种生产方式叫卵胎生，在某些鱼类，如鲨鱼、孔雀鱼身上也会发生。

173

海洋霸主之有鳞目

如果问海洋里最厉害的动物是什么？可能有人会回答是鲨鱼或者虎鲸。但把它们放到白垩纪的海洋里，和当时的海洋爬行动物正面对抗，那简直无法比。在白垩纪晚期的海洋里，有鳞目是顶级掠食者，堪称海洋霸主。有鳞目成员主要包括沧龙、海王龙、海诺龙等。

有鳞目的外形很像具有鳍状肢的巨型鳄鱼。它们拥有巨大的头部、发达的颌骨，嘴巴能像蛇一样张得很大，牙齿呈圆锥状，能轻而易举地将猎物拦腰咬断。

有鳞目的身躯较细长，体表光滑，可以减少游泳时遇到的阻力。

"大眼睛美人"之鱼龙目

鱼龙目是一种外形类似鱼和海豚的大型海生爬行动物。鱼龙目在三叠纪早期就已经出现了，到了三叠纪晚期，它们就成了海洋中的霸主。进入侏罗纪后开始衰落，不过它们仍然和其他海生爬行动物一起统治着海洋。大约在9000万年前的白垩纪晚期，鱼龙目几乎完全绝迹。

鱼龙目在进化过程中可分为两个阶段。早期的鱼龙目身体细长，没有尾鳍，靠摆动身体前进。

之后出现的鱼龙目身体呈流线型，肚子圆鼓鼓的，鳍状肢又窄又长，尾巴也较长，但是尾鳍较小。最特别的是，鱼龙目的脑袋不大，却长着一双大眼睛。靠着大眼睛，鱼龙目可以在夜间或者深海捕食猎物。

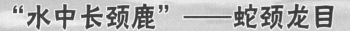

"水中长颈鹿"——蛇颈龙目

蛇颈龙目生活时期从三叠纪一直持续到白垩纪末期，与鱼龙一起统治着中生代的海洋。蛇颈龙目是一个兴旺的大家族，根据脖子的长短，古生物学家将它们分为长颈蛇颈龙和短颈蛇颈龙。

长颈蛇颈龙主要包括蛇颈龙等。

蛇颈龙长着小小的脑袋，长长的脖子，短短的尾巴，还有一个像乌龟一样的躯干。为适应划水，它们的四肢进化成了鳍状，使蛇颈龙既能在水中来往自如，又能爬上岸来休息或繁殖后代。

短颈蛇颈龙主要包括上龙、滑齿龙、短颈龙、克柔龙等。其中上龙威武霸气，头骨巨大，甚至是霸王龙头部的两倍，脖子短小，长有弯刀般锋利的尖齿，相当厉害。

三亿年本色未改的鲎

有个成语叫沧海桑田，意思是随着时间的流逝，周遭的环境会发生巨大的变化。但有一种动物，从问世至今仍保留原始而古老的模样，与它同时代的动物或者进化或者灭绝，唯独它们一直没有改变，这就是鲎。

鲎外形酷似一只瓢，浑身覆盖硬甲，背部圆突，腹部凹陷，尾巴是一根长长的硬刺，像锋利的长剑。鲎的硬甲是外骨骼，无法持续生长。鲎想要长大就必须要换壳，新壳刚长出来时还很柔软，这时的鲎很脆弱，如果遇到天敌可就麻烦了。

早在 4 亿年前古生代的泥盆纪时，鲎就生活在海洋里。而在中生代，鲎又和恐龙成了邻居。在恐龙灭绝后，它们顽强地生存下来，直到今天。更加令人称奇的是，鲎经历了亿万年的沧桑，依旧保持着最初的模样。

第五章

恐龙灭绝后的世界

恐龙销声匿迹后，地球发生了怎样的变化？哪些动物取而代之登上了历史舞台？哺乳一族又是如何在崭新的时代跻身最成功的物种行列的？我们将为你一一揭秘！

新生代的地球

中生代的地球，一直被恐龙占据着。有人不禁会问，恐龙灭绝后，地球会是什么样的呢？又是哪些动物登上了地球这个热热闹闹的大舞台呢？

恐龙灭绝后，地球迎来了新的时代——新生代，而且直到今天，新生代仍然还没有结束。对于地球的历史来说，新生代是一个非常重要的时代，气候变化很剧烈，天气忽冷忽热，有时候地球热得像个大蒸笼，一些不喜热的动植物只好生存在北极圈附近。有时候冰川期来临，地球又变得寒冷干燥。

到了新生代，裸子植物大部分都灭绝了。能够开花结果，更好地保护种子的被子植物成为地球上的主要植物。地球被被子植物装扮得五彩缤纷，生气勃勃。被子植物的增多，也为昆虫提供了新的食物和生存空间，传粉的甲虫、蜜蜂、蛾子等昆虫蓬勃发展，成为地球上食物链的重要一环。

哺乳动物在逃过白垩纪末期的灾难后，终于迎来了自己的发展时代。在此后的几千万年中，各种哺乳动物轮番上场，最后演变成了地球上很成功的物种之一，所以新生代又被称为"哺乳动物时代"。

蛇

蜥蜴

喙头蜥

爬行动物失去了中生代的辉煌，只有少数成员，例如喙头蜥、蜥蜴、蛇、蚓蜥、鳄鱼等逃过了那场灾难，继续存活到今天。而兽脚类恐龙其中的一支有可能进化成鸟类，有幸逃过一劫。在新生代，鸟类开始称霸天空，总共有 1000 多种鸟类登上了历史的舞台。

海胆

珊瑚

泰坦鸟

曲带鸟

始祖象

在海洋里，除了鱼类、哺乳动物等脊椎动物外，无脊椎动物大量衍生。有孔虫、海绵动物、珊瑚、苔藓虫、甲壳类、棘皮动物等生物十分繁盛。

有孔虫

海绵动物

183

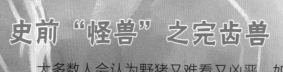

史前"怪兽"之完齿兽

大多数人会认为野猪又难看又凶恶，如果了解完齿兽，就会发现现生的野猪简直太弱了。完齿兽是凶猛的掠食者，它们不挑食，从水果到腐肉样样都吃，而且生性残暴，甚至会自相残杀，所以被称为"来自地狱的猪"。

完齿兽是现生猪的表亲。它大小如牛，脸部长着像疣一样的瘤状物，这瘤状物可以保护它们脸部脆弱的部位。它们的头骨强而有力，上下颌的力量也很强大，可以咬断猎物的骨头，令人非常恐惧。

"史前四不像" 之尤因它兽

尤因它兽的外形第一眼看上去和现代犀牛很像，四肢又似乎显示它们与象族关系密切，脑袋上长着奇怪的角，吻部还有一对尖尖的獠牙，着实有些奇怪。尤因它兽身长约 4 米，体重可以达到 4.5 吨，是个十足的大块头。

尤因它兽头上长着六根奇特的犄角，上面还包裹着一层皮肤。古生物学家猜测这些角很可能是雄性之间相互争斗的工具，也有可能是吸引异性的装饰。尤因它兽雄兽的大獠牙长达 30 厘米，这种獠牙很可能只用于同类间的争斗或炫耀。

似象非祖的始祖象

一旦出现始祖两个字，很多人会认为是某种动物的祖先，其实始祖象和现生的大象关系并不大，它只是长鼻目进化过程的一个分支。

始祖象高约 1 米，体重约为 200 千克。它们的生活习性更像河马，喜欢在河流里泡澡或在沼泽里打滚。始祖象美其名曰"象"，可它们并没有长长的象鼻子和象牙，上嘴唇宽厚粗大，适合翻动水草。

"披着狼皮的羊"之安氏中兽

安氏中兽生存于始新世时期。它们有些像现代的狼，不过它们的身体要远比狼强壮，是地球上曾出现过的较大的陆生哺乳动物之一。

安氏中兽脑袋扁平，嘴里有锋利的犬齿及扁平的颊齿，可以咬碎骨头。它们的尾巴较长，四肢较短。有趣的是，安氏中兽的脚上长着小型的蹄趾，而不是爪子，更接近偶蹄目，所以有人称安氏中兽是"披着狼皮的羊"。

四条腿的游走鲸

在我们的印象中，鲸鱼总是畅游在蔚蓝的大海里。也许很多人都想象不到，有一种鲸鱼长着四条腿，能在陆地上行走，它的名字叫游走鲸。

游走鲸是一种半水生哺乳动物，也被称为"陆行鲸"。它看起来有点像鳄鱼，头大，吻长，前后肢都比较短，还长着一条尾巴。

游走鲸发现猎物后，会安静地守在一旁，等待猎物放松警惕，然后突然张开大嘴，猛地咬住猎物，把对方拖下水溺毙，然后美美地饱餐一顿。

游走鲸骨骼

苗条的原始鲸鱼之龙王鲸

龙王鲸生活在始新世晚期，是现代鲸的近亲，古代海洋哺乳动物的一员。龙王鲸最初被发现时，被认为是巨大的海洋爬行类动物，所以它的拉丁名的意思其实是"帝王蜥蜴"。

龙王鲸体形巨大，成年后体长可达 18 米。为了维持体力，龙王鲸需要吃大量的食物，所以它常常在浅海游来游去，用自己短而锋利的牙齿捕食猎物。

龙王鲸的咬合力惊人，足以把一个超过 1 吨重的动物的头骨咬成碎片，是当时海洋中绝对的顶级掠食者。

龙王鲸牙齿

189

犀牛祖先之巨犀

    巨犀主要生活在渐新世，是已知有史以来最大的陆生哺乳动物。巨犀是犀牛的近亲。

    巨犀身体巨大，外形有些像犀牛，脖子却很长，这样的体形可以帮助它们吃到更高处的树叶。还有一个好处是，食肉动物面对这个"巨无霸"往往会望而生畏。

马的祖先之始祖马

我们在草原上看到奔跑的马大多俊美肥壮，可是你知道吗？它们的祖先其实非常"迷你"。马的祖先叫始祖马，生活在始新世。它们的个头非常矮小，体长 60 厘米左右，和现在的狗差不多大。

始祖马前脚有四根脚趾，后脚有三根脚趾，脚掌十分柔软，并不适合奔跑。现代的马可以大口大口吃草，而始祖马的牙齿很小，只能吃鲜嫩的软草，不能咀嚼较硬的根茎。

现代马蹄骨骼　　始祖马马蹄骨骼

佩戴"宝剑"的剑吻古豚

剑吻古豚生活在中新世，最突出的特点就是拥有剑一般的长吻。这个长吻是它们捕捉食物的重要武器。

剑吻古豚的上颚延长成尖吻，远远看上去就像一把宝剑。古生物学家们认为，它们可能拥有回声定位猎食的本领。一旦发现附近有猎物，剑吻古豚就会迅速游过去，用长长的吻不停地袭击猎物，然后张开长满锋利牙齿的嘴巴将猎物制服。

"空中之王"——阿根廷巨鹰

阿根廷巨鹰是一种体形巨大的飞禽，它们生活在中新世晚期，因化石是在阿根廷被发现的，这也是它名字的来源。

阿根廷巨鹰被认为是兀鹫、鹳鹤等大型猛禽、水禽的祖先。它有强壮的腿部和锋利的爪子，翅膀张开后足有 7 米长，甚至更长。

阿根廷巨鹰在天空中借助气流滑行，由于体形庞大，它鲜有敌手，是令当时动物恐惧的"空中之王"。

擅长"无影脚"的骇鸟

　　骇鸟体形巨大，是一种可怕的肉食性鸟类。它们的身高有 1～3 米。沉重的身体以及原始的翅膀，让它们失去了飞行能力。虽然不会飞，但它们的奔跑速度很快，而且强壮的腿部和锋利的脚爪十分具有攻击性，往往可以给猎物致命一击。

骇鸟头骨

"铁甲武士" 雕齿兽

雕齿兽是食草类哺乳动物,生活在上新世到更新世。它们的身体被坚硬的甲壳覆盖,就像身披铠甲的武士。当它们在地上爬行的时候就像一辆移动的迷你装甲车。

雕齿兽身上的盔甲是由表皮衍生出来的鳞甲。每片鳞甲都是近似六边形的,相互交错在一起,既足够坚硬,又能随雕齿兽的行动灵活摆动。

雕齿兽长满角质刺的管状尾巴就像一根带刺的巨型棍棒,这是雕齿兽的防御利器。

195

史前"大猫"之剑齿虎

剑齿虎生活在上新世到更新世时期，是著名的史前"猎手"，曾广泛分布在亚洲、欧洲、美洲大陆。剑齿虎是猫科动物中的一个古老分支，和现代的虎等动物是远房亲戚。它们拥有超强的战斗力，是新生代肉食性动物演化的巅峰。

剑齿虎的肌肉十分发达，是出色的捕猎高手。熊、马以及猛犸象幼崽等动物都在剑齿虎的狩猎名单中。不过，因为牙齿不够坚硬，无法直接咬穿猎物的脖子。剑齿虎通常会采取"先扑倒猎物，再撕咬咽喉"的战术制敌。

剑齿虎的嘴里长着一对
大犬牙，长度有一二十厘米

爱吃素的巨兽之大地懒

大地懒生活在更新世，体形巨大，直立行走时，身高是大象的两倍。
大地懒的全身覆盖着一层厚厚的、浓密的毛发，看上去有点儿像熊。

大地懒毛皮厚实，在皮下还有一层皮肤硬化形成的"甲胄"，可以护身。同时，大地懒的前臂非常强壮，同时身体也非常强壮，捕食者不会轻易攻击它们。

生不逢时的袋狼

我们在动物园见过袋鼠，袋鼠妈妈的肚子前有一个育幼袋，小袋鼠在出生后会爬进母亲的育幼袋中，吸取妈妈的乳汁继续成长。而在澳洲，曾经有过一种叫作袋狼的动物，它们把小狼也放在育幼袋中抚育。

袋狼的育幼袋并没有袋鼠那般明显，它们的大小和体形都很像狼，身形瘦长，上面有一道道斑纹，脸似狐狸。它们生活在森林或草原上，夜晚会外出捕猎，可能会潜伏在树上，时刻准备突袭。

袋狼头骨

"地狱之牙"——巨鬣齿兽

巨鬣齿兽是一种大型哺乳动物，它们是非常成功的掠食者，拥有敏锐的嗅觉、敏捷的身手和强悍的咬合力。

巨鬣齿兽头大腿长，奔跑迅捷，非常具有杀伤力，适合快速突袭与伏击。很少有猎物能逃脱巨鬣齿兽的捕杀。

巨鬣齿兽宽厚的颌骨

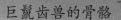

巨鬣齿兽的骨骼

199

"吃肉的鸭子"——牛顿巨鸟

牛顿巨鸟是一种已灭绝的不会飞的鸟类。它们是大洋洲特有的鸟类。

牛顿巨鸟站立时高达 2.5 米，脑袋要比一般的小马驹还要大，腿部粗壮有力，拥有尖锐的喙，能扯开动物的皮肉，所以有的古生物学家认为它们很有可能吃肉。

"昙花一现" 的索齿兽

索齿兽生活在中新世时期，它们的外表很像河马，但生活习性应该与海牛非常相似。

索齿兽骨骼

索齿兽的牙齿很奇怪，像锥子一样，古生物学家推测它们会以海草、海藻为食，也会吃些甲壳类动物。

索齿兽属于半水生的哺乳动物，大部分时间待在水中，它们的游泳和潜水能力非常不错，相反在岸上走起路来却十分笨拙。

长鼻子的袋貘

　　除了大象以外，大家还见过哪些长鼻子的动物？其实，在中新世晚期至更新世，就生存过一种长着长鼻子的动物，它的名字叫袋貘。

　　袋貘是澳洲的特有动物。它们的四肢强壮，脚上还长着长爪子，十分锋利。可是，它们并不吃肉，这双爪子可能用来挖掘植物根茎，也有可能是用来拖拽树枝的。

　　有趣的是，袋貘有一个长鼻子，这个长鼻子可以帮袋貘卷食高处的树叶。

类人猿、人类同祖之埃及猿

埃及猿是目前已知较早的古猿，生活在渐新世时期，它们生活在树上，主要依靠吃果实和树叶填饱肚子。

埃及猿体形和现代的吼猴接近，它们的后肢比前肢长，通常采用曲肘姿势行走。埃及猿的前肢可以抓握东西，有时它们也会在树上悬挂着或荡来荡去。古人类学家根据埃及猿的化石推测，埃及猿有可能是类人猿和人类的共同祖先。

不长驼峰的古骆驼

我们大家都知道骆驼的标志就是有高耸的驼峰，而有一种灭绝的骆驼却没有驼峰，它就是古骆驼。

古骆驼生活在中新世的北美洲草原上。它们的头相对较小，脖子很长，可以像长颈鹿一样伸长脖子摘取高处的树叶。

古骆驼头骨

204

马的近亲之三趾马

　　三趾马和现代马的模样很相似，只不过现在的马只有一个脚趾，也就是马蹄，但三趾马却有三个脚趾。它们是马进化过程中的一类，虽然它们的个头并不如现代马高大，但分布却非常广泛。

　　三趾马生活在草原上，为了适应草原上的生活，它的侧趾变得又细又短。虽然脚上有三趾，但长期的奔跑让它们的趾骨有了变化，身体的支撑力主要集中在了中趾上，这让它们的奔跑速度提高了不少。

三趾马腿部骨骼

奇丑无比的短面熊

短面熊生活在距今 200 万年前的美洲大陆，可能是迄今地球上体形最大的熊，它们的猎物主要是美洲野牛和大角野牛，所以又被称为"噬牛熊"。

短面熊与人类对比

短面熊有一张长满利齿的大嘴，修长健壮的身体让它们具有强大的爆发力和迅捷的速度。短面熊可以笔直行走，因此行动起来更加迅速，这些可以保证短面熊战胜其他猛兽，成为顶级猎食者。